河南省高校创新团队支持计划（13IRTSTHN006）
国家自然科学基金（31501508） 资助

打浆对肉糜品质特性影响的研究

康壮丽　马汉军　著

科　学　出　版　社

北　京

内 容 简 介

斩拌和打浆技术在肉类工业中的应用越来越广泛。本书介绍了斩拌和打浆对肌原纤维结构和蛋白质构象的影响，斩拌和打浆对不同食盐添加量猪肉肉糜品质特性的影响，打浆对低盐低脂猪肉肉糜品质特性的影响，打浆对不同比例猪肉和鸡大胸肉低盐肉糜品质特性的影响，分析了斩拌和打浆猪肉肉糜制品品质产生差异的机理。

本书适合从事肉制品加工的科研人员、行政管理人员及食品企业管理人员阅读，也可作为高等院校食品科学专业教师、学生的参考书。

图书在版编目（CIP）数据

打浆对肉糜品质特性影响的研究/康壮丽，马汉军著. —北京：科学出版社，2015.11

ISBN 978-7-03-046272-5

Ⅰ. ①打… Ⅱ. ①康… ②马… Ⅲ. ①肉糜制品–食品加工–研究 Ⅳ. ①TS251.5

中国版本图书馆 CIP 数据核字（2015）第 268340 号

责任编辑：贾 超 宁 倩 / 责任校对：彭珍珍
责任印制：徐晓晨 / 封面设计：东方人华

科 学 出 版 社 出版
北京东黄城根北街 16 号
邮政编码：100717
http://www.sciencep.com

北京厚诚则铭印刷科技有限公司 印刷
科学出版社发行 各地新华书店经销

*

2015 年 11 月第 一 版 开本：B5（720 × 1000）
2015 年 11 月第一次印刷 印张：8 1/2
字数：150 000

POD定价： 68.00元
（如有印装质量问题，我社负责调换）

前　言

我国是肉制品生产大国。近年来，随着经济飞速发展和人们生活水平日益提高，国民对肉制品数量的需求和质量的要求逐年上升。深加工肉制品也取得了长足发展，总产量占肉类总产量的15.1%。乳化肉制品是近年来发展最快的深加工产品，是其重要的组成部分，具有机械化程度高、产量大、市场需求旺盛、生产成本低、品种繁多、营养丰富等特点。产品结构包括高、中、低档，能够满足不同消费者的需求。

乳化工艺是乳化肉制品生产的核心，乳化质量的好坏决定产品品质。斩拌机是生产中常用的乳化设备，斩刀转速快，加工过程中肉糜温度迅速升高，易对产品品质造成影响，如降低质构、出品率和缩短货架期。斩拌机对肌肉和脂肪进行粉碎，并使其与其他辅料混合均匀，但斩拌工艺对肌肉和蛋白质结构影响的研究需进一步论证。打浆机是具有中国特色的乳化肉制品加工设备，在肉制品企业被大量使用，但关于其加工原理及加工过程中对肉糜和蛋白质的影响未见报道，对打浆机进行深入的研究有利于指导生产和推广应用。

在乳化过程中添加食盐，可提高肌原纤维蛋白的溶解性，加速其溶胀和溶出，改善肌肉的乳化性能，有利于形成稳定的热诱导凝胶，提高产品的质构、保水保油性能和延长货架期等。但摄入过量的食盐是引起高血压和心血管疾病的一个最重要原因，世界卫生组织（WHO）建议成人每人每日摄入食盐量不多于 6 g，而我国成人人均摄入量是 WHO 建议的 1.5 倍，为 9 g 左右。随着肉品食用量的增加，从肉和肉制品中摄入钠的量为 16%～25%，因此，降低乳化肉制品中食盐的含量，有利于降低人们日常的食盐摄入量。如何在不降低产品质量和不增加成本的前提下降低乳化肉制品中食盐的添加量，一直是肉品研究和生产加工中一个亟待解决的问题。

本书结合了科研实践和工作经验，内容全面具体，条理清晰，有很强的应用性。针对以上问题，结合乳化肉制品生产实际情况，本书拟对打浆和斩拌工艺对肌肉和蛋白质作用的机理进行研究，分析两种工艺对不同食盐添加量及低蛋白质含量中肉糜品质特性和蛋白质构象的影响，研究加工过程中肌肉纤维结构和蛋白质构象的变化对肉糜加工特性的影响，从分子水平说明打浆和斩拌对乳化肉制品品质特性的影响，为改善产品品质和降低食盐及脂肪添加量提供理论依据。

本书的出版得到河南省高校创新团队支持计划（13IRTSTHN006）和国家自然科学基金（31501508）（猪肉肌原纤维蛋白分子聚集与构象变化对凝胶特性影响机制研究）资助，同时得到了河南科技学院食品学院马汉军教授和高海燕副教授的大力帮助和支持，在此表示衷心感谢。

肉制品加工技术发展迅速，限于作者的专业水平，加之时间仓促，书中疏漏之处在所难免，恳请各位读者批评指正。

康壮丽

2015 年 6 月于新乡

目　录

第一章 绪　论

第一节　乳化肉制品理论

乳化肉制品是受消费者欢迎的深加工肉制品，产量和消费量逐年增加。但是每年因加工技术方面的不足引起的产品质量问题，如加工和储存过程中出水出油及出品率低和储藏损失高等导致的经济损失较大。同时，为了获得较好的质构和较高的出品率，乳化肉制品中食盐和动物脂肪的使用量比较大。过多地摄入食盐和动物脂肪，易引起高血压、心脑血管疾病，但若减少食盐和动物脂肪的使用量，便会降低乳化肉制品的质量，使风味变差。目前研究的热点和难点是通过新的乳化技术而非通过添加其他替代物质减少食盐和动物脂肪使用量，并保证乳化肉制品的质量和风味。

乳化肉糜通常是由肌肉组织、脂肪组织和非肉添加物等多种成分经乳化加工设备（斩拌机、乳化机、打浆机等）混合剪切而成。肉糜乳化液形成于混合剪切的过程中，通过对肌肉组织的剪切破坏和食盐及磷酸盐的共同作用，使肌原纤维蛋白（乳化剂）萃取出来，包裹在脂肪球周围表面，并形成一层较厚的蛋白膜，即界面蛋白膜（interfacial protein film），以防脂肪球凝聚现象的发生；同时，肉糜乳化液与其他非盐溶性蛋白、非肉添加物和水形成一种黏稠的、相对稳定的乳状液，破碎的脂肪颗粒或液滴被萃取出来的肌原纤维蛋白包裹，且被物理镶嵌包埋固定于蛋白质基质中。已基本得到认可的肉制品乳化理论有水包油型乳化学说（oil-in-water theory）和物理镶嵌固定学说（physical entrapment theory），也有许多学者报道肉糜乳状液的稳定性是蛋白质基质物理镶嵌固定和蛋白膜共同作用的结果。

一、肉制品乳化液的组成及稳定性

乳化肉糜由两种互不相溶的相组成，其中脂肪以微小颗粒或液滴形式分散在以水为主要成分的连续相中。盐溶性肌原纤维蛋白具有很强的表面活性，能够在脂肪液滴或颗粒表面形成界面蛋白膜，防止脂肪液滴或颗粒聚集。在肉糜加工过程中，溶解的肌原纤维蛋白分子具有降低界面张力的功能，它能够吸附到水油两相界膜上，通过降低水油两相界膜的界面张力加速肉糜的乳化过程，在脂肪液滴或颗粒周围形成一层保护膜，脂肪颗粒表面单层的饱和蛋白浓度通常为2～3 mg/m^2，可以保护肉糜中脂肪液滴或颗粒不被破坏，有利于粉碎、混合和乳化过程中脂肪液滴或颗粒的破碎及均一乳化脂肪液滴（或颗粒）的形成，也有利于肉糜的稳定。许多学者研究发现，肉糜的稳定性与脂肪液滴（或颗粒）表面蛋白浓度和保护膜的厚度有直接的联系。经典乳状液要求分散相的直径为 0.1～50 μm，但在肉糜乳化液中脂肪颗粒或油滴的直径往往超过 50 μm，甚至高达 200 μm 以上。从乳化的定义上说，大多数肉糜并非真正的经典乳状液。

因为水分子和油分子具有不亲和性，水油存在着分离趋势，所以肉糜是热力学定义上的不稳定体系。肉糜中溶出的盐溶性肌原纤维蛋白作为乳化剂包裹在脂肪颗粒周围可获得动力学上稳定的乳化液。经过足够长时间的放置，肉糜中水油两相间面积不断增加，界面蛋白膜将因两相间试图减少接触面积产生的表面张力而破裂。影响肉糜乳化液不稳定的机制有五种：①聚集（flocculation）；②乳析（creaming）；③奥氏熟化（Ostwald ripening）；④相转变（phase transition）；⑤聚结（coalescence）。控制和提高乳化液的稳定性，主要是抑制这五种不稳定现象的发生。乳化液的稳定性主要受化学组成（油相和蛋白质类型及组成、磷酸盐的添加）和环境条件（如盐溶性肌原纤维蛋白浓度、肉糜 pH、温度等）等因素的影响，但这些因素是通过影响界面吸附蛋白浓度、乳化液滴平均粒径、表面电荷等乳化液滴自身的性质来改变乳化液稳定性的。

二、水包油型乳化学说

原料肉、脂肪、水及非肉添加物经混合剪切后形成一种黏性肉糜，脂肪颗粒或液滴表面形成界面蛋白膜并均匀地分散其中，延缓了肉糜中水油两相分离，使肉糜相对稳定，有效地阻止了脂肪颗粒和液滴的聚合，这就是经典的肉糜乳化理论。Hansen（1960）对乳化良好的香肠的研究表明肉糜是一种水包油型的乳化体系，脂肪颗粒或液滴的稳定是由脂肪颗粒周围形成的界面蛋白膜决定的。Barbut（1995）通过研究乳化脂肪和蛋白质基质对肉糜稳定性的影响，表明肉糜是一种水包油型乳化体系。孔保华（2007）报道了盐溶性肌原纤维蛋白分子在肉糜加工过程中能够部分展开，与少量的水溶性蛋白一起吸附和包被在脂肪液滴或颗粒周围，并形成一个半刚性的膜或被膜，降低水分子和油分子之间的自由能。Galluzzo 和 Regenstein（1978）研究了鸡胸肉中肌球蛋白、肌动蛋白和肌动球蛋白在乳化肉糜中的作用，结果表明肌球蛋白是界面蛋白膜的主要组成成分，是肉糜中良好的乳化剂，足够数量的肌球蛋白能够维持肉糜的稳定。如果盐溶性蛋白数量不足，形成的界面蛋白膜厚度和强度将减小，导致肉糜在煮制或产品储藏期间渗出水和脂肪，降低出品率、质构和感官品质。

三、物理镶嵌固定学说

物理镶嵌固定学说（physical entrapment theory）认为在粉碎、混合和乳化过程中，肌肉组织（瘦肉）经剪切萃取出的盐溶性蛋白、未溶解的肌原纤维和纤维碎片及胶原纤丝间发生相互作用，将破碎的脂肪颗粒或液滴物理镶嵌包埋固定到肉糜中。肉糜在加热之前，脂肪被物理包埋固定在蛋白质基质中，在加热过程中，脂肪球表面上的界面蛋白膜和基质蛋白质会发生交互作用，形成一种半刚性的凝胶结构，使肉糜稳定。有研究表明，在法兰克福香肠中被界面蛋白膜包被的脂肪颗粒或液滴与基质蛋白质通过蛋白键连接，蛋白键将脂肪颗粒或液滴连接在基质蛋白质凝胶中，界面蛋白膜和基质蛋白质形成一体。Lee（1985）通过研究肉糜的微结构发现脂肪球包埋固定在蛋白质基质中。Hermanssen（1986）对不同类型的牛肌球蛋白凝胶的形成过程研究发现生肉糜是一个有序的结构。Barbut 等（1995）发现添加了食盐和磷酸盐的肉糜中存在由丝状蛋白质与海绵体状基质相连形成的有序三维空间结构，且部分具有流动性。在加热形成凝胶的过程中，肉糜基质也能够物理包埋镶嵌固定脂肪液滴或脂肪颗粒，Gordon 和 Barbut（1990）报道了加热后的肉糜中脂肪球通过界面蛋白膜与基质蛋白质相连后被物理固定。Xiong 等（1992）通过研究肉鸡肌原纤维蛋白乳化体系表明添加适量的脂肪能够显著增加凝胶的强度。

虽然以上两种学说都能够解释肉糜中发生的一些现象，但均有一定的局限性。其中水包油型乳化学说忽视了其他物质对肉糜稳定性的影响，而过分强调了界面蛋白膜的作用。物理镶嵌固定学说强调了蛋白质基质在肉糜中的作用，而忽视了界面蛋白膜对肉糜稳定性的影响。所以，一些学者试图结合两种学说的优点来解释肉糜的乳化现象。Gordon 等（1992）以蒸煮肉糜为研究对象发现肉糜的质构、稳定性和微结构是两者共同作用的结果。Barbut 等（1995）认为肉糜的稳定性是由乳化脂肪和蛋白质基质的性质共同决定的。

第二节 蛋白质在乳化肉制品中的作用

肌肉蛋白质在肉糜乳化过程中起主导作用。蛋白质占肌肉总质量的18%～22%，按其溶解性可分为水溶性肌浆蛋白、盐溶性肌原纤维蛋白和不溶性基质蛋白（主要为胶原蛋白和弹性蛋白）三类，是肌肉最重要的功能成分。肌原纤维蛋白在肉制品热加工过程中形成的结构与质构相关，决定着肌肉的加工性能和产品品质。肌原纤维蛋白的主要成分是肌球蛋白和肌动蛋白，这些蛋白可以在低盐溶液中溶解出来，对肉糜的稳定性起主要作用。目前对肌球蛋白和肌动蛋白在加热形成凝胶过程中的作用研究得比较透彻：单独加热肌球蛋白能够形成良好的凝胶，而肌动蛋白不能形成凝胶，但添加不同比例的肌动蛋白，对肌球蛋白凝胶有协同或拮抗效应。由于组成成分较多，在肉糜体系中胶凝过程更加复杂。Ferry（1948）提出了肌原纤维蛋白热诱导凝胶的形成需要经历变性、聚集和交联三个过程。首先是蛋白质受热引起非共价键解离，改变蛋白质构象，引起蛋白质变性，然后，变性暴露出来的蛋白质基团因交联和聚合作用形成较大分子的凝胶体。Morita 和 Yasui（1991）报道了在 pH 为 6.0，0.6 mol/L KCl 条件下，加热过程中肌球蛋白重链（HMM）和轻链（LMM）的二级结构中 α-螺旋含量和表面疏水作用力变化的过程：在 30℃，HMM 的 α-螺旋结构含量减少，到 70℃时 α-螺旋结构含量最少；在 65℃时，表面疏水作用力最大，随着温度的升高，疏水作用力减少，主要原因是温度升高，部分疏水键参与蛋白质交联，形成网络凝胶结构。

溶解的肌原纤维蛋白热变性形成凝胶结构，肌球蛋白在此过程中有重要作用。肌球蛋白在浓度很低时能够形成凝胶，Hermansson 和 Langton（1988）报道了在肌球蛋白含量为 0.5%时，能够形成弱凝胶，而肌浆蛋白需要 3%。如果肌球蛋白和肌动蛋白混合加热形成凝胶，凝胶强度将进一步增加。肌球蛋白热凝胶的形成分为两个独立阶段。第一阶段在 30～50℃，主要是肌球蛋白头部集聚。Sharp 和 Offer（1992）报道了使用透射电子显微镜观察纯化的肌球蛋白在不同温度下加热 30 min 后的变化，发现在 30℃时肌球蛋白分子没有变化；35℃时肌球蛋白的两个头部没有变化，但其他部分有新的结构生成，例如，两个肌球蛋白分子的头部相互交联形成二聚体；40℃时肌球蛋白分子没有变化，仍旧是以头部交联的单体分子存在；在 50℃时，肌球蛋白分子的头部进一步交联，肌球蛋白尾部很难辨认。第二阶段在 50℃以后，50～60℃时形成较大的球形聚集，肌球蛋白尾部完全分解，这个阶段主要是肌球蛋白尾部解螺旋，疏水基团相互作用形成凝胶结构。

肌肉蛋白具有良好的加工特性，除了具有乳化和凝胶性，还有溶解性，即在一定条件下肌肉蛋白总量与进入溶液中肌肉蛋白总量的比值，且溶解在溶液中的蛋白质在一定的离心力下不发生沉淀。可溶性肌肉蛋白分为水溶性蛋白和盐溶性蛋白两种，肌浆蛋白是水溶性蛋白，而盐溶性蛋白（肌原纤维蛋白）需要在较高的离子强度下（＞0.4）通过剪切粉碎对肌肉结构破坏后才能溶解出来。Stanley 等（1994）与 Stefansson 和 Hultin（1994）分别发现在低离子强度状况下，盐溶性蛋白的溶解性对盐浓度特别敏感；当离子强度为 0.01～0.20 mol/L 时，肌原纤维蛋白溶解度最小；当离子强度为 0.2～1.0 mol/L 时，肌原纤维蛋白溶解度随着离子强度提高而增大；当离子强度进一步提高，由于内部渗透压增强，肌原纤维蛋白溶解度反而开始降低。肉糜的大多数功能性质（如乳化性、凝胶性和保水性等）与盐溶性蛋白溶解性有关，且通常在高度溶解状态时才能表现出来。例如，在适当 pH 和离子条件下，通过剪切混合作用，肌原纤维蛋白溶解出来，能够吸附大量水分子，导致肌纤维溶胀，同时在加热过程中肌原纤维蛋白之间相互作用能够形成凝胶网络，通过与蛋白质结合作用和毛细管作用将水分保留在肉糜中。

肉糜的乳化稳定性、凝胶性、保水性等性质受肌肉品种、肌肉类型和肌肉部位的影响。Iwasaki 等（2006）报道了超高压对猪肉和鸡肉肌原纤维蛋白凝胶的影响，发现鸡肉凝胶具有较好的保水性和凝胶能力。Kang 等（2010）通过对鸡肉、猪肉和牛肉等肌肉纤维凝胶性能进行比较，发现不同品种来源的肌原纤维蛋白具有不同的凝胶能力。这是因为牛肉主要由 I 型肌肉（红肌）构成，鸡大胸肉全部由 II B 型肌肉（白肌）构成。王飞（2001）

报道了牛肉和猪肉的乳化能力存在一定的差异，且长久放置将导致肉糜乳化能力下降。适当调整不同品质、类型和部位的肌肉在加工中的比例，有利于增强肉糜的乳化稳定性，提高乳化肉制品的品质。

第三节　脂肪在乳化肉制品中的作用

随着人们健康意识的提高，对低脂乳化肉制品的需求量也越来越大。但减少脂肪会因降低初始风味物质的含量和改变风味物质的释放种类而降低肉制品风味。通常使用水分替代脂肪，减少肉制品中脂肪的添加量，同时添加保水物质来保持水分，减少蒸煮损失、水分蒸发和肉制品蒸煮收缩。脂肪替代物按照组成成分一般分为如下类型：以蛋白质为基础的替代物，如乳清蛋白、大豆蛋白和胶原蛋白等；以油脂为基础的替代物，如使用大豆卵磷脂作为乳化剂乳化油脂，替代脂肪；以碳水化合物为基础的替代物，包括粉类物质（小麦和大豆等）、淀粉类物质（玉米、木薯和马铃薯等）、胶体（卡拉胶、魔芋胶和亚麻籽胶等）。替代脂肪的物质要求具有类似脂肪的品质，对肉制品的多汁性和质构（硬度）及风味没有负面的影响。

一、脂肪对乳化肉制品风味和质构的影响

降低乳化肉制品中脂肪含量的最终目的是生产消费者能够接受的低脂产品，特别是要保证嫩度、多汁性和风味等方面的口感。这些因素是低脂肉制品的重要品质，决定着消费者的接受程度。此外，色泽、外观脂肪含量和水分渗出量等表观性质也显著地影响消费者的接受度。因此，成功的

低脂乳化肉制品应该具有营养丰富和消费者接受度高的特性。

1. 脂肪对乳化肉制品风味的影响

肉制品的风味是基本味（甜、酸、咸、苦、鲜）和挥发性气味的有机结合，主要产生于加热过程中。香气是肉制品最重要的特征之一，一半以上的主要风味物质是脂肪在加热过程中分解产生的。肌肉中的不饱和脂肪酸发生脂质氧化，特别是在加热过程中产生具有独特风味的挥发性物质。脂肪作为风味物质的来源之一，能够直接或间接地产生醛、酮、游离脂肪酸、醇和酚等复合物，这些物质有非常低的阈值，对肉制品的风味有重要的影响。脂肪主要以磷酸酯的形式存在于动物的皮下、肌内、肌间、胞间等部位，其中肌内脂肪是挥发性风味物质的主要来源。在牛肉中，来源于脂质氧化的 1，2-甲基十三醛是风味物质的重要成分，主要是因为其在牛肉中的含量较大，而在其他肉类中较少。向瘦肉中添加脂肪能够增加肉的特色，提高脂肪含量（11%，18%，22%）。在加工过程中增加牛肉馅饼中 2-丁酮、2-戊酮和 3-羟基-2-丁酮的含量，能够生成醛、不饱和醇、酮和内酯类物质。

脂肪替代物主要通过以下途径影响肉制品风味：增加替代物自身带有的风味物质，减少了脂肪的风味，或改变风味物质的释放方式和速率。Chevance 等（2000）报道了一些脂肪替代物，如木薯淀粉和糊精，能够延缓许多风味物质的释放；还有一些如燕麦纤维能够加速风味物质的释放，因此不同替代物的影响是不同的，但是都能够改变肉制品的风味。

2. 脂肪对乳化肉制品质构的影响

质构是消费者接受肉制品与否的重要因素，其包含一系列的感官特征：

咀嚼前能够感觉到的一些特征，如颗粒大小、油脂颗粒等；咀嚼时感觉到的特征，如硬度和多汁性；咀嚼后感觉到的特征，如细腻程度和适口度等。肉制品的质构与原料来源有密切的联系，主要与肌纤维的粗细、油脂或脂肪的渗出及结缔组织的含量等有关。

水是肌肉的主要组成成分，横纹肌含水量在75%左右，水分主要分布于极性分子周围和纤丝、肌原纤维及膜之间，在不同作用力下能够有限地转移。基于此种原因，肉制品的保水性和质构是一个有机的结合体。水分的保持能力与蛋白质的交联和变性状况有关。增加温度和降低 pH 能够大幅度增加蒸煮损失和滴水损失，减少肉糜制品的多汁性和接受度。使用磷酸盐能够提高pH，增加肉制品的保水性和多汁性。脂肪对肉制品质量的作用，使低脂肉制品具有全脂产品同样的质构和风味是非常困难的。替代脂肪的原料必须具有与脂肪相同的作用，如 Warner 等（2001）将淀粉、油脂和蛋白质结合物替代牛肉饼中的脂肪，取得了良好的效果。因此许多商业低脂替代物使用卡拉胶、燕麦麸皮或纤维、大豆蛋白、淀粉、糊精、植物油等制成。

减少脂肪含量能够显著降低蒸煮肉糜的硬度，这主要是因为脂肪被水分替代了（水分有很低的抗压性）。Claus 等（1989）研究认为低脂肪含量、高水分含量的波尼亚香肠比高脂肪含量（30%）有更低的硬度；Wu 等（2009）报道了类似的结果，当猪油或花生油的含量从15%减少到10%、5%时，肉制品硬度下降。但是，也有部分学者得到相反的结论，即低脂肪含量的法兰克福香肠有更高的硬度，这可能与试验者的方法和原料有很大的关系。不同种类的脂肪和植物油，得到的乳化肉制品的硬度也有很大的区别。有学者使用菜籽油或预乳化菜籽油替代牛脂，能够显著地增加产品的硬度，这主要是因为菜籽油在乳化肉制品中有更小的脂肪球，能够非常好地被盐溶性肌原纤维蛋白所包裹，加热后形成良好的凝胶结构。Youssef 和 Barbut（2010）报道当菜籽油被使用在乳化肉制品中后，可形成非常小的脂肪液滴，平均表面积约为牛脂肪颗粒（63～101 μm^2）的 1%，牛脂肪和菜籽油的含量均为 25%时，使用菜籽油的产品有比较好的硬度。菜籽油大部分表面积被肌球蛋白包裹，能够和蛋白质基质形成更多的连接，使制品更加稳定（有更好的抗压性）。将酪蛋白酸盐和菜籽油进行预乳化后加入到乳化肉制品中，比其他的乳化剂有更高的硬度，这可能是因为酪蛋白酸盐有更好的乳化活性，可以更好地和肉糜基质交联，形成结构稳定的乳化肉糜。

黏着性随着乳化肉制品中脂肪含量的升高而下降。使用植物油或预乳化植物油替代牛脂肪或其他动物脂肪有相反的结果，这可能是因为植物油或预乳化植物油在乳化肉制品中能够形成更小和更均匀的脂肪滴，分布在水相中。弹性随着乳化肉制品中动物脂肪或植物性油脂的增加而升高，这可能是因为高动物脂肪或植物性油脂含量的制品有更高的黏弹性（水分对黏弹性没有影响）。咀嚼性和黏弹性一致，随着乳化肉制品中动物脂肪或植物性油脂的增加而升高。但当乳化肉制品的植物性油脂为 25%时，咀嚼性和黏弹性比含等量动物性脂肪的肉制品高两倍，这可能是因为植物性脂肪液滴的直径分布比较均匀，且颗粒较小。Park 等（1989）研究表明低脂乳化肉制品使用高油酸含量的向日葵油（30%）替代牛脂肪后，产品有很好的黏弹性和咀嚼性。

3. 脂肪对乳化肉制品色泽的影响

脂肪的种类和添加量显著影响乳化肉制品的色泽，国内外的学者在这方面做了深入的研究。减少鲜猪肉肠中脂肪含量对产品的 b^*-值（黄度值）有很大的提高，对 L^*值（亮度值）没有显著的影响，Youssef 和 Barbut（2011）对牛肉香肠中牛脂肪含量的变化进行了研究并采用预乳化方法替代脂肪，得到了相同的结论。脂肪含量对乳化肉制品的 L^*值有影响，Claus 和 Hunt（1991）报道了含 30%脂肪的波尼亚香肠的 L^*值比含 10%脂肪的要高；Bishop 等（1993）报道了若在波尼亚香肠中增加预乳化玉米油的含量，L^*值也随之增高；但是 Paneras 等（1998）报道了在植物油含量不同的法兰克福香肠中，高脂肪含量的产品色泽发暗。

二、降低乳化肉制品中脂肪含量的方法

脂肪替代物主要有以下 3 类：以碳水化合物为基础的替代物，以蛋白质为基础的替代物和以油脂为基础的替代物。使用替代物，对加工工艺没有特殊要求。首先肌肉单独粉碎，然后添加替代物和其他物质，最后粉碎、混合及乳化均匀。合理的配方和工艺能够提高低脂肉制品的质量，Liu 和 Berry（1998）报道了增加馅饼的厚度（0.95～1.27 cm）可减少产品的硬度，增加多汁性。使用 3/16 寸的孔板生产的低脂（10%）碎牛肉制品比使用 1/8 寸的孔板生产的高脂（20%）碎牛肉制品有更高的接受度。

乳化肉制品中水分和脂肪的蒸煮损失与产品脂肪和水分的含量、颗粒大小、原料的 pH、温度上升速度及终点温度有关。减少脂肪的含量可增加蒸煮损失和肉制品的热收缩。将重组牛肉制品中的脂肪从 25%减少到 10%，将影响产品的硬度。利用各种原料替代脂肪做了大量的研究，主要目的是使低脂肉制品具有高脂产品的品质。通常情况下的方法是使用水替代脂肪，

同时添加蛋白质或碳水化合物等作为保水剂。但添加脂肪替代物会降低肉糜的交联和保水保油性，改变产品的色泽和风味。

水是肉制品中的主要组成成分，降低脂肪的添加量常常要增加肉制品中水分的含量。脂肪的传热性比水分高，增加水分通常要增加蒸煮时间。模拟脂肪（水分和保水物质等）与脂肪有不同的化学结构，很多以碳水化合物或蛋白质为基础的替代物具有与脂肪相似的理化性质和食用品质，碳水化合物或蛋白质等一般作为体系中的乳化剂。各种各样的非肉物质被用来作为脂肪的替代物，碳水化合物类型的有胶体（海藻酸钠、卡拉胶、魔芋胶等）、纤维素（蔬菜纤维、水果纤维等）、淀粉（木薯淀粉、玉米淀粉等）和其他物质（晶体纤维素、胶质等）；蛋白质类型的有乳清蛋白、胶原蛋白、豆类蛋白等；脂肪类型的有大豆磷脂（通常作为乳化剂）等。将蛋白质（小麦、大豆和花生等）制成的组织蛋白作为脂肪替代物，具有肌肉状的组织。与全部使用脂肪的肉制品相比，大部分替代物的作用是增加肉制品的保水性，但这对产品的质构影响较大。

1. 以碳水化合物为基础的替代物

碳水化合物是单糖（葡萄糖、半乳糖）由糖苷键连接构成的多糖及其衍生物，具有保水性能，能够增加黏度和形成凝胶，如淀粉和纤维素。淀粉的来源多种多样，特别是玉米淀粉、大米淀粉、改性土豆淀粉和木薯淀粉，在肉制品生产中应用广泛。植物中淀粉含量在（31～83）g/100 g。淀粉颗粒吸水后膨胀，加热后糊化，冷却后形成凝胶。很多改性淀粉具有冻融稳定性，但只在肉制品 pH（5.6～6.0）范围内有效果，同时具有较好的口感。纤维素吸水后膨胀，能够提高低脂肉制品的食用品质。许多以碳水化合物为基础的模拟脂肪具有凝胶状基质，能够像脂肪溶解一样释放水分。

1）淀粉和面粉

淀粉和面粉有很强的吸水和保水能力，其作为脂肪替代物已有了大量的研究。添加面粉能够增加出品率，减少蒸煮收缩，但会产生不良的气味，也会影响产品质构。例如，往牛肉馅饼中添加小麦胚芽蛋白粉（2.0%，3.5%，5.0%）和面粉可以增加出品率、多汁性、嫩度，减少蒸煮收缩和蒸煮损失，且能够减少脂肪含量和增加水分含量，但不良气味增加。分别添加 10%、20%、30%的水解高粱粉替代牛肉饼中 20%的脂肪，能够增加产品的出品率，减少汁液损失和蒸煮收缩，高粱面的味道增加，肉的香气减少，嫩度增加，对多汁性没有显著影响，因此能够降低产品中 20%的脂肪含量。

添加改性玉米粉，能增加低脂牛肉馅饼的多汁性和嫩度，对风味没有显著的影响。与添加淀粉∶水为 1∶4 或 1∶5 的肉饼相比，淀粉∶水为 1∶3 时有较高的蒸煮得率及较大的内聚性。使用 2%和 4%热稳定性淀粉酶改性的土豆淀粉分别替代乳化香肠中 5%和 15%的脂肪，能量值减少了 15%～49%；乳化香肠中添加 15%的脂肪和 2%的改性土豆淀粉后，与高脂肪香肠有相似的感官评定硬度分值，且具有较高的嫩度分值。添加鹰嘴豆粉和扁豆粉，可增加肉丸的蒸煮得率，提高保水保油性能，与高脂肉丸相比，添加豆类蛋白粉的肉丸具有较好的韧性和硬度，但添加过多则会影响产品的风味。与含有 20%脂肪的牛肉饼相比，使用以碳水化合物为基础的脂肪模拟物（高直链玉米淀粉、糊精、菜籽油）替代牛肉饼中 10%的脂肪，增加了水分含量，提高了出品率和油脂保持能力，增加了产品的嫩度和多汁性，减少了内聚性。

木薯淀粉来源于木薯的根茎，风干根茎中碳水化合物的含量为 75 g/100 g 左右。Desmond 等（1998）发现添加木薯淀粉、燕麦纤维或乳清蛋白后，低脂汉堡饼的风味和质构能够被接受，且硬度、内聚性和弹性是最好的。添加 0～30 g/kg 木薯淀粉将显著地影响低脂汉堡饼的蒸煮特性，例如，蒸煮得率和保水性呈显著的正相关。与脂肪含量为 8%和 20%的馅饼相比，添加 14%的木薯淀粉、7%的海藻酸钠或木薯淀粉和海藻酸钠的混合物能够提高低脂产品的嫩度、多汁性和蒸煮得率，对脂肪损失没有影响，但会影响产品风味。分别向低脂（10%脂肪）和中脂（20%脂肪）波尼亚香肠中添加 2%、3%、4%的木薯淀粉，蒸煮得率随着木薯淀粉的增加而直线上升，收缩率降低，添加 3%木薯淀粉的低脂波尼亚香肠具有最佳的风味和整体接受度分值。Chevance 等（2000）报道了木薯淀粉能够延迟汉堡饼中美拉德反应产物的挥发，影响产品的风味。木薯淀粉和乳清蛋白能够减少法兰克福香肠因脂肪减少和水分增加产生的不良风味，且减少了香肠中 70%的脂肪含量。

2）胶体

胶体由多糖构成，具有很大的分子质量。海藻是食用胶体的重要来源，如卡拉胶和海藻酸等。瓜尔豆胶、刺槐豆胶和果胶来源于植物，黄原胶是由微生物发酵得到的，明胶来源于动物的胶原纤维组织。海藻酸钠、卡拉胶、半乳甘露聚糖和黄原胶通常与淀粉和非肉蛋白一起用于低脂肉制品中。通常情况下，高脂肉制品二次加热的损失比低脂肉制品低。卡拉胶和黄原胶能够减少法兰克福香肠二次加热的损失，产品的硬度、弹性和咀嚼性与高脂产品一样好。

卡拉胶是一种重要的用于脂肪替代品的食品添加剂，但是它在性能和价格方面仍有很多不足。将卡拉胶加入低脂肉制品中，可以提高产品的脆度、质构特性和多汁性。这主要是因为卡拉胶能够和肌肉蛋白结合，但其与肌肉其他组分的作用目前还不清楚。除了提高多汁性和嫩度，Egbert 等（1991）也研究了卡拉胶对水分保持的效果。卡拉胶与蛋白质和水分有很强的结合能力。Lin 和 Keeton（1998）报道了添加卡拉胶和黄原胶复合物的低脂（5%、10%脂肪）与高脂（20%脂肪）牛肉馅饼出品率和质构特性的差别。添加卡拉胶的产品在蒸煮和二次加热后较易出水，与 5%脂肪含量的产品相比，添加 10%脂肪的产品有较低的剪切力和较高的出品率。低脂产品添加 0.5%卡拉胶和 10%水分后，具有和高脂产品类似的嫩度和多汁性，但低脂产品中脂肪含量降低了 58%，能量降低了 37%。Hsu 和 Chung（2000）报道了使用 1%的卡拉胶和 20%的水替代猪背膘，能够提高贡丸的出品率、水分含量和弹性，对 L^*-值、硬度没有影响，有较低的脂肪和能量含量。2%的盐溶性肌肉蛋白、魔芋粉、卡拉胶和刺槐豆胶在 pH＞6.0、70℃时具有良好的黏弹性，凝胶强度随着卡拉胶的增加而升高。

海藻酸是从蓝藻细胞壁中提取的一种负离子多糖，在 Mg^{2+}和 Ca^{2+}存在的情况下，能够形成凝胶，在 pH 为 5～11 时，凝胶非常稳定。有 Ca^{2+}时，凝胶具有很好的冻融稳定性。海藻酸能够减小表面张力，吸收自身 200～300 倍质量的水分，形成较黏的溶液，在食品中的用量一般在 0.3%～0.5%。海藻酸钠或钾盐常用来增加溶液的黏度、稳定性。Lin（1994）报道了添加海藻酸钠的牛肉馅饼具有较高的硬度，较致密的结构，脆度较大，多汁性较差，对风味没有影响，且蒸煮损失较少，二次加热的水分损失较少。Bullock 等（1995）发现添加海藻胶和刺槐豆胶后，保水性增加，低脂牛肉饼有很好的嫩度，对整体接受性没有显著的影响。

黄原胶是非线性负离子微生物多糖，在 80℃能够溶解于水中，形成严密、有序的椅型构象，在很低的浓度下就有很高的黏度，对热和 pH 稳定。黄原胶水解后形成弹性凝胶，在很低的离子强度下具有热可逆性。虽然黄原胶不能单独形成凝胶，但和其他物质结合后能够形成良好的凝胶。黄原胶和卡拉胶在任何 pH 时都能形成凝胶，在 pH=5 时凝胶强度最强，黄原胶和卡拉胶的比例为 3∶2。0.5%黄原胶和 0.5%刺槐豆胶在 40℃时能够形成凝胶。刺槐豆胶来源于角豆树种子的胚乳，主要用于保水、增稠和形成凝胶，不溶于冷水，在 82℃，pH 为 5.4 和 7.0 时能够完全溶解，添加量在 0.1%～1.0%。

魔芋粉是一种水溶性食用纤维，主要成分是葡甘露聚糖，具有凝胶性质，可以用作增稠剂、稳定剂、乳化剂和固定剂。鲜魔芋有大约 13%的干物质，其中 64%是葡甘露聚糖，30%是淀粉。魔芋胶较易溶于水，能够吸收自身质量 100 倍的水分，由很长的、相互缠绕的大分子组成，水分子能够进入分子链中，引起颗粒膨润，体积增加 200 倍，形成黏稠的液体。在所有可食性纤维中，魔芋胶有最高的分子质量和密度，能形成较高黏度的溶液。1%魔芋胶水溶液在 30℃时的黏度值为 20 000～40 000 cP。与半乳甘露聚糖和刺槐豆胶不同，离子强度对魔芋胶影响较小，pH 对魔芋胶溶解度的影响较小，即使 pH 低于 3.3 时也不发生沉淀。魔芋胶也是唯一在特定条件下具有形成热可逆性和热不可逆性凝胶特性的胶体，与卡拉胶、淀粉和刺槐豆胶有交互作用。加热时，往 1%黄原胶溶液中添加 0.02%～0.03%的魔芋粉，溶液黏度提高 2～3 倍，形成的混合物凝胶具有很强的内聚性和弹性，魔芋胶和黄原胶的比例为 1∶2.5 和 1∶4 时具有最好的凝胶强度。谷氨酰胺转氨酶能够提高肌原纤维蛋白和魔芋胶混合凝胶的强度和弹性，并且可加速肌球蛋白重链分解，形成大分子物质，提高保水性能。Hsu 和 Chung（2000）报道了添加魔芋粉和氢氧化钙能够提高贡丸的质构，但对出品率没有显著的影响。

3）糊精和环糊精

糊精是淀粉分解得到的多糖类物质，由不同数量的 D-葡萄糖以 α（1-4）糖苷键连接而成。糊精按糖化率（DE）分类，DE 值越高，葡萄糖链越短，甜度和溶解度越高。糊精的 DE 值在 3～20，有适宜的甜度，没有其他异味。环糊精是由 5 个或更多的（6～8）D-葡萄糖苷以 α（1-4）糖苷键连接构成的环状低聚糖，是由淀粉酶糖化得到的。α-环糊精是由 6 个糖分子构成的环状物质，β-环糊精是由 7 个糖分子构成的环状物质，γ-环糊精是由 8 个糖分子构成的环状物质。环糊精能够包埋其他物质于环中，并改变其分子性质（溶解度），且大部分是疏水分子。这些复合物对 pH 的变化较敏感，通过加热或酶解也能够被破坏。Crehan 等（2000）报道了使用糊精将脂肪从 30%减少到 5%，增加了蒸煮损失，降低了法兰克福香肠的乳化稳定性，提高了硬度、胶黏性和咀嚼性及整体接受度。增加低脂产品中糊精的含量（5%～12%），减少了脂肪含量、乳化稳定性和蒸煮损失，但是对感官品质没有影响。糊精作为脂肪替代物仍旧有很多挑战，如在蒸煮损失、质构和感官特性方面。

4）纤维素

果蔬和谷物纤维素（大米、燕麦、玉米、大豆、花生、柑橘等）由 β-葡聚糖、支链淀粉和纤维质等组成。由于有较小的颗粒，它们能形成光滑细腻的凝胶结构。Warner 和 Inglett（1997）通过添加 β-葡聚糖/支链淀粉，降低了牛肉饼的咀嚼性和多汁性。添加 1.5%纤维素和 10%水后，馅饼的脂肪含量从 10 g/100 g 降到 6 g/100 g，能量含量从 190 kJ 降到 140 kJ。许多种类的纤维素被用于肉制品中，例如，大米纤维素具有抗氧化特性，能够减缓脂质氧化，提高牛肉馅饼的货架期。Huang 等（2005）报道了大米纤维在贡丸中的应用，添加大米纤维后，提高了出品率，降低了贡丸的硬度、胶黏性和咀嚼性，添加量低于 10%时对贡丸的感官品质没有显著的影响，但是纤维素颗粒的大小对贡丸的品质特性却有很大的影响，颗粒越小，贡丸的质构越好，感官评定分值越高，因此添加不超过 10%颗粒较小的大米纤维能够得到品质特性和感官都较好的贡丸。Pinero 等（2008）报道了添加燕麦纤维（13.45% β-葡聚糖）后，牛肉馅饼脂肪含量从 20%降低到 10%，同时提高了蒸煮得率、保水保油性。保水能力的提高与 β-葡聚糖有很大关系，但低脂馅饼的风味与高脂产品不同，其多汁性较低，但对色泽和嫩度没有影响。Chevance 等（2000）发现燕麦纤维有助于延缓牛肉馅饼中大多数挥发性风味物质的释放。

2. 以油脂为基础的替代物

以油脂为基础的替代物有两种制作方法：添加乳化剂和使用脂肪模拟物。脂肪模拟物具有油脂的功能，但不增加产品能量值。乳化剂能够充分乳化食品中的水相和油相，乳化相能够吸附表面活性分子，减少分散相的表面张力，延缓分散相的凝聚和分离。表面活性分子分为极性和非极性，乳化剂作为媒介将两者联系起来。大豆卵磷脂是一种乳化剂和增稠剂，在实际生产过程中，其能够稳定乳化液中的颗粒。添加菜籽油或非肉蛋白乳化菜籽油（大豆分离蛋白、酪蛋白酸钠、乳清分离蛋白）替代脂肪，可使脂肪含量从 25%减少到 10%，并且能够提高牛肉饼的出品率和质构特性，而添加使用酪蛋白酸钠预乳化的菜籽油可显著提高产品的硬度值。

3. 以蛋白质为基础的替代物

蛋白质的三级结构对 pH、温度和酶比较敏感，易引起变性。蛋白质变性会改变凝胶的结构和质构及保水性，特别是一些非肉蛋白，如大豆蛋白、小麦蛋白、花生蛋白等。通过加热或高速剪切，蛋白质形成较小的分子颗粒包裹在脂肪表面，能够延缓风味物质的释放。

1）乳清蛋白

乳清蛋白分离于牛奶中，能够用作脂肪替代物。虽然与脂肪有显著不同的化学结构，但浓缩乳清蛋白可以用来模拟脂肪。乳清蛋白同时拥有疏水和亲水区域，与水分、脂肪和蛋白质有很好的交联作用，并且有良好的凝胶性和保水性，能够提高肉制品的出品率和减少蒸煮收缩。添加磷酸盐和乳糖，能够提高含有乳清蛋白低脂肉制品的多汁性和整体接受性；添加钙盐，能够使其形成冷凝胶。用于肉制品的酪蛋白酸钠蛋白质的含量一般在 34%～80%，在较低 pH 时，能够维持保水性和凝胶性，这种特性有利于保持肉制品中添加的外源水分。70℃下处理的乳清蛋白冷却后形成凝胶。

在肉制品真空滚揉过程中，乳清蛋白应在添加食盐后加入，这样能够提高产品出品率。乳清蛋白可形成热诱导凝胶，具有较强的保水性，能够提高肉制品的多汁性和出品率及嫩度，减少蒸煮收缩和脂肪含量。例如，添加乳清蛋白生产的低脂牛肉饼具有与全脂牛肉饼相同的感官性质。Serdaroğlu（2006）发现添加 2%和 4%的乳清蛋白后，不同脂肪含量（5%，10%，20%）肉丸的出品率、保水保油性能增加，但对多汁性没有影响。El-magoli 等（1995）发现添加不同量的乳清蛋白（1%～4%），均可提高牛肉馅饼的咀嚼性，而多汁性和整体接受性在乳清蛋白添加量为 4%时最好。添加乳清蛋白和 10%的水可增加出品率，降低蒸煮收缩率，其他改变质构的添加剂（$CaCl_2$ 和 0.3%羧甲基纤维素）对出品率和蒸煮收缩率有负面影响。

2）胶原蛋白

胶原蛋白来源于动物的结缔组织，其中含有 85%的蛋白质，由于其具有很强的保水能力及与肌肉蛋白结合的能力，被认为是优良的脂肪替代品。Graves 等（1994）报道了添加 2%胶原蛋白和 8%水分的低脂牛肉饼，质构和感官特征显著优于含 18%脂肪的产品。Rao 和 Henrickson（1986）使用新鲜胶原纤维（牛皮）替代牛肉馅饼中的瘦肉（0%，10%，20%），添加量为 20%时能够很好地替代瘦肉，对产品的营养价值没有影响。Chavez 等（1986）发现添加 0%、10%、20%的新鲜胶原蛋白（牛皮）可增加多汁性，提高产品的风味、质构和整体接受性，对蒸煮收缩没有影响，有很强的保水性，且可减少黏着性和产品的脂质氧化，提高亮度值。添加新鲜或热处理的结缔组织（10%），低脂重组牛肉的拉伸强度增加，但风味下降。添加新鲜结缔组织提高了出品率，而添加 1%的明胶降低了出品率。添加改性结缔组织

（0%～40%）后，提高了肉糜的 pH、乳化温度，减少了蒸煮损失。很多学者发现添加改性牛结缔组织，可改善低脂肉糜的加工特性，且对加工稳定性没有影响。添加 20%的结缔组织，可提高低脂法兰克福香肠的出品率，降低黏聚性。

3）大豆蛋白

大豆粉（50%蛋白质）、大豆浓缩蛋白（70%蛋白质）和大豆分离蛋白（90%蛋白质）均可以作为大豆蛋白加入肉制品中。大豆蛋白对水分有吸附作用，且在加工过程中对水分有保持能力。其在重组肉制品中，能够提高肉制品的嫩度，增加保水能力，减少蒸煮收缩，抑制酸败。然而，大量添加大豆蛋白易引起产品质构变软，产生不良风味。在乳化肉制品中，大豆蛋白会影响保水性，但由于肌原纤维蛋白的存在，对脂肪没有乳化作用。Ahmad 等（2010）报道了添加大豆分离蛋白可提高乳化香肠的质构、多汁性和色泽。添加超过 20%的大豆组织蛋白，能够减少重组肉制品的蒸煮损失和储存损失，但感官品质变差。Berry 和 Wergin（1993）发现添加大豆分离蛋白的牛肉馅饼质构特征和感官品质比添加大豆粉和大豆浓缩蛋白的要好。添加大豆粉的处理组有最高的蒸煮得率；添加超过 5%的大豆浓缩蛋白，可提高牛肉饼的保水性，减少蒸煮损失；添加大豆分离蛋白的处理组有较高的硬度值和黏聚性。Kassem 和 Emara（2010）报道了添加大豆蛋白的产品有最低的蒸煮损失。使用大豆组织蛋白或蒸煮碎黄豆替代 30%的碎肉，对产品有不同的影响。使用吸水后的大豆组织蛋白（15%～30%）替代瘦肉后，制作的牛肉饼有较好的嫩度，但牛肉风味较淡，整体风味下降。与 15%大豆蛋白含量的牛肉饼相比，30%的大豆蛋白处理组有较小的蒸煮收缩，但脆度较大，韧性较差。Rentfrow 等报道了使用大豆组织蛋白替代超过 30%的瘦肉后，产品风味变差。牛肉饼中添加 25%的使用大豆分离蛋白生产的组织蛋白替代 10%瘦肉，产品肉味下降，风味变差。在低脂（8%）和高脂（20%）肉饼中，添加大豆分离蛋白、浓缩蛋白和大豆粉会降低产品风味，产生不良气味，而使用卡拉胶、淀粉和磷酸盐混合物的产品没有这种现象。

第四节 食盐对乳化肉制品的影响

食盐的主要成分为氯化钠，是常见的食品加工原料，在肉制品加工过程中有调味、防腐保鲜、提高保水性和黏着性等功能。但过量地摄入食盐易引起高血压、心脑血管疾病，以及肾病和胃癌。世界卫生组织（WHO）建议，每人每天的食盐摄入量不要超过 6 g，而目前我国每人每日食盐的摄入量为 8～10 g。减少肉制品中食盐的添加量，会给肉制品的生产加工带来一系列的技术问题。例如，缩短肉制品的储藏期；由于食盐是一种强氧化剂，而氧化物正是挥发性香味的主要来源，减少食盐的使用会影响一些产品的特征风味；减少食盐的添加量会降低产品的防腐能力等。因此，在保持产品质量不变的前提下，减少肉制品中食盐的添加量是一个非常重要的课题。

一、食盐在乳化肉制品中的作用

食盐在乳化肉制品加工中可作为咸味剂和风味增强剂。钠离子和氯离子能够刺激味觉，因此在乳化肉制品中食盐和脂肪决定产品的风味。Matulis 等（1995）发现法兰克福香肠的咸味随着脂肪含量的增加而增强，即增加瘦肉（蛋白质）含量将降低香肠的咸味和风味。食盐的另一种功能是提高肉制品中的盐溶性蛋白的溶解量，增强保水性。其机理表现在：钠离子和氯离子与肌肉蛋白结合，使肌肉主体结构发生松弛，形成肌动蛋白和食盐的复合物。食盐可以提高黏着性是因为盐溶性肌原纤维蛋白溶出后形成了乳胶状，促进热凝胶的形成。并且增加盐溶性肌原纤维蛋白的溶解量，可增强肉糜的水合作用和保水性，使得肉制品的出品率、嫩度和多汁性都有提高。Hamm（1986）报道了氯离子和肌原纤维蛋白结合后引起其溶胀；Offer 和 Knight（1998）报道了钠离子在肌原纤维蛋白分子周围可以形成电子云，促进了盐溶性肌原纤维的溶解。肌球蛋白的溶胀对肉制品的加工非常重要，在加工时盐溶性肌原纤维蛋白包裹在肉粒和脂肪颗粒或液滴周围，加热后它将各种物质交联在一起，水分被束缚在形成的蛋白质基质中。在斩拌型乳化肉制品如法兰克福香肠、波尼亚香肠等产品中，盐溶性蛋白质作为连续相包裹在脂肪球周围，起固定脂肪的作用。食盐对乳化肉制品的质构有重要的作用，Ruusunen 等（2001）指出蒸煮火腿食盐含量为 1.4%时的蒸煮损失远远高于食盐含量为 1.7%时，因此，在低盐浓度下添加水的同时，必须添加其他蛋白质或功能性物质来保持水分。

二、降低乳化肉制品中食盐含量的方法

减少肉制品中食盐含量最大的障碍在于食盐是一种非常便宜的食用原料，同时消费者比较适应添加食盐的肉制品的品质和风味。全部使用食盐替代品将使消费者难以接受，但是减少肉制品中的部分食盐是一种可取的方法。

第一种方法是使用食盐替代物如氯化钾、氯化钙等替代部分氯化钠，这种方法已经被广泛应用。氯化钾与氯化钠的性质极为相似，可部分替代氯化钠使食品具有可接受的咸味。钱毅玲和赵谋明（2009）认为，氯化钾的添加（浓度为 1.2%时）能显著增加肉制品的硬度和弹性，增加出品率，但对肉制品的色泽有不良影响。戴洪余（2008）研究发现使用乳酸钾或氯化钾代替 40%的食盐，对产品品质和货架期影响不大。杨应笑和任发政（2005）也报道了相同的结果，使用氯化钾替代 40%的食盐为最大可接受替代比，当替代比等于或超过 60%时，产品就有不可接受的金属味、涩味等不良风味出现。Gou 等（1996）研究发现使用 30%～40%氯化钾替代氯化钠，对发酵香肠的质构、风味、色泽等没有显著的影响，其中 30%氯化钾替代氯化钠，发酵香肠有较少的苦味，但可接受，且 40%的替代量发酵香肠也可接受。Ruusunen 等（2005）研究发现使用混合矿物质盐能够很好地替代食盐。

减少肉制品中食盐添加量的第二种方法是使用风味增强剂。风味增强剂能够增加低盐肉制品的咸味和具有类似食盐产生的风味，既能够减少食盐的使用又不降低肉制品的咸味和风味。已经有一些风味增强剂和遮蔽剂被应用在工业生产中，并且使用量在逐步增加，其中包括酵母提取物、乳酸盐、谷氨酸钠和核苷酸等。风味增强剂能够刺激味觉，减少食盐对味觉神经的刺激，有利于减少食盐的使用量。Pasin 等（1989）使用改良的氯化钾、核苷酸混合物（商业使用的各 50% IMP 和 GMP 混合物）能够减少猪肉香肠中 75%的食盐；在这些猪肉香肠中添加任何数量的谷氨酸钠结合使用改良后的氯化钾都可以替代 50%的食盐。Ruusunen 等（2001）发现在波尼亚香肠中添加谷氨酸钠或核苷酸混合物都能够增强其风味，在储存 17 天后无显著的变化，且添加谷氨酸钠或核苷酸混合物的香肠具有较好的整体接受性和良好的食用品质。其他的复合风味增强剂如赖氨酸和丁二酸混合物作为食盐的替代物也已有研究。此类复合物具有食盐的味道，且有抗菌和抗氧化特性，可以替代 75%的食盐，具有良好的发展前景。通过添加磷酸盐、淀粉和水胶体能够弥补由于减少食盐而导致的保水性下降、产品品质降低的影响。使用乳酸钾或乳酸钠不同程度地替代食盐能够保持产品的风味和咸味。来自真菌蛋白的一些物质在没有食盐存在的情况下能够产生类似食盐的咸味，依据制造商的说明，这些物质具有协同作用，能够减少饼干和休闲食品中 50%的钠和菜品中 25%的钠。克霉唑 400 具有较黑的色泽和丰富的滋味，能够用作烧烤肉制品的腌制液。它可以分解为核苷酸和谷氨酸，两者都具有风味增强剂的作用。酵母提取物通常应用在低盐制品中，在掩饰钾离子产生的不良气味方面有良好的效果，同时也具有协同作用。在很多情况下，氯化钾复合酵母提取物能够有良好的溶解性。酵母提取物可以加入到低盐肉制品中，获得满意的风味。

通过完善食盐的品质，增强味觉刺激作用可以减少食盐的使用量。食盐颗粒的大小和形状影响着食盐的味道。研究者已经尝试了各种方法来改善食盐的性质，减少肉制品中食盐的使用量。薄片状食盐表现出较好的功能，如提高乳化肉糜的 pH、增加盐溶性肌原纤维蛋白的溶解度和减少蒸煮损失。与颗粒状食盐相比，薄片状食盐能够较好和较快地溶解，将其使用在一些不添加水分的产品如干发酵肉制品中优势比较显著。近年来，Leatherhea 食品国际已经对食盐的物理形状进行了优选，并关注了食盐物理性质的改变，从而能够增加食盐的使用效率，通过改变食盐结构和改善食盐对味觉的刺激方式，以增强食盐的风味，减少使用量。一些食盐加工公司，如 Morton Salt 和 Cargill Salt 已经加工销售了各种形式的食盐，并且标明其可以减少食盐的使用量，减少肉制品中钠的含量。Lutz（2005）研究结果表明薄片状食盐与针状和正常形状的食盐相比，在红肉肉糜中具有较高的保水性和保油性，Lutz 还发现使用薄片形状的食盐能够提高波尼亚香肠的出品率，增强肌肉蛋白质的功能和减少不良因素对感官评定的影响。与其他类型的食盐相比，使用 Alberger@ salt 作为食盐的肉糜，其 pH 能够显著提高，理论上高 pH 能够提高盐溶性肌原纤维蛋白的溶解性，改善肉糜的保水性和减少蒸煮损失。

完善加工技术和改进加工设备也能够减少肉制品中食盐的使用量。Monahan 和 Troy（1997）报道了直接减少肉糜体系中食盐使用量和增强肉制品功能性的方法，如使用热鲜肉和高静压技术。热鲜肉具有较好的肌原纤维蛋白溶解性和较高的保水性，使用热鲜肉能够在减少食盐使用量的情况下保持乳化类型香肠的理化性质和感官特性。高静压处理能够提高肌肉蛋白质的功能特性且对减少食盐使用量有利。对低盐法兰克福香肠肉糜进行高静压处理后进行感官评定，发现品尝人员比较能接受低盐高静压处理过的香肠，这表明高静压处理能够改善香肠的质构，并且能够部分减少法兰克福香肠的食盐使用量。

第五节　加工设备对乳化肉制品的影响及存在的问题

乳化肉制品的质量受很多因素的影响，即受整个生产过程中各个流程整体组合的状况影响。乳化过程是决定乳化肉制品（如法兰克福香肠和贡丸等）乳化稳定性强弱的关键因素，其破坏肌肉结构，提取肌原纤维蛋白用于包裹脂肪颗粒和形成蛋白质基质。如果肌原纤维蛋白提取不充分，脂肪颗粒将不能被有效地包裹，导致脂肪颗粒发生集聚，乳化体系被破坏。乳化作用影响凝胶的特性，如蒸煮损失、凝胶结构等。乳化设备是实现肉制品乳化的先决条件，不同乳化设备对肌肉和脂肪的粉碎程度、肌原纤维蛋白的提取和变性程度、乳化过程中肉糜温度的升高状况的影响不同。目前，我国常用的乳化设备是斩拌机和打浆机，斩拌机主要用于生产西式乳化肉制品，如高温火腿肠、法兰克福香肠等；而打浆机用于生产中式乳化肉制品，如贡丸和包心肉丸等。两者生产的产品质量显著不同，前者具有较好的柔软性和嫩度，后者有较好的弹性和脆度。

一、斩拌机对乳化肉制品的影响

斩拌机（图 1-1）是肉品加工中普遍使用的乳化设备，主要作用是通过斩刀快速的转动，破坏肌肉组织结构，在此过程中肌肉被粉碎，蛋白质被提取，脂肪和其他原料得到有效的混合和乳化。使用斩拌机能够很好地提高肉制品的蒸煮得率，减少蒸煮损失和热收缩。乳化效果的好坏与斩拌过程密切相关，例如，斩刀的转速、斩拌时间和斩拌温度均会影响乳化效果。Whiting（1988）报道了斩拌的终点温度比斩拌时间重要，这是由于温度影响蛋白质的功能特性及其与脂肪的作用。延长斩拌时间，肉糜温度升高，黏度降低，过高的温度引起部分蛋白质变性，降低蛋白质的稳定性，导致脂肪颗粒暴露和集聚，增加乳化肉制品的蒸煮损失，形成较差的质构。因此，猪肉肉糜最高的斩拌温度在 12～18℃，这样能够较好地减少肌原纤维蛋白在加工过程中乳化能力的损失。也有报道发现肉糜的斩拌终点温度很宽，因为肌原纤维蛋白变性形成热凝胶的温度是 50℃。许多学者研究了传统香肠生产过程中斩拌温度与保水保油性之间的关系，Hensley 和 Hand（1995）发现斩拌温度在 12～22℃时保水保油性较好。Lanier（1985）得出乳化品质与蛋白质的溶解度有关的结论，通过延长斩拌时间，升高肉糜温度，可以增加蛋白质基质的破坏程度。Barbut（1995）报道了延长斩拌时间，可减少肉糜颗粒直径，但乳化产品有较低的硬度和较差的保水保油能力，这是因为虽然增加斩拌时间能够使肌肉细胞破碎程度加大，细胞内物质释放更多，盐溶性蛋白提取更充分，但较高的温度会诱导许多蛋白质变性，且这些变性的蛋白质和肉糜的加工性能相关。这表明对乳化肉糜的品质而言，很多因素比蛋白质的溶解度更重要。

图 1-1 斩拌机及斩刀

品质良好的乳化肉糜需要合理地控制斩拌时间和速度，防止水分和脂肪分离。实际生产中，斩拌机都安装温度计，用于测量乳化过程中肉糜的温度，但是 Barbut（1998）研究发现温度计不能够精确测定斩拌终点温度，特别是在低脂肉糜中。Álvarez 等（2007）发现斩拌过程中肉糜的亮度与乳化温度、蒸煮损失和凝胶强度有密切的联系，使用在线监测器能够准确测定肉糜终点温度。在斩拌早期，肉糜亮度值升高，随着斩拌的进行，亮度值在一个转折点突然下降，这表明乳化肉糜的稳定性开始下降。过度斩拌使肉糜的温度升高，脂肪溶化，大量的蛋白质基质被破坏，引起溶解的蛋白质变性，造成肉糜品质下降。肉糜中的蛋白质在 5～12℃时具有最好的溶解性，温度过高或过低都影响蛋白质的溶解。合理的斩拌时间、合适的斩拌速度和终点温度是形成良好品质肉糜的重要条件。孔保华等（2003）使用斩拌机对牛肉肉糜斩拌不同时间，测定牛肉的凝胶特性和色泽，发现斩拌时间对牛肉糜的亮度值和红度值的影响不显著，亮度值总体上呈增加的趋势，红度值在 15～25 min 时最大，硬度、黏弹性的数值先增大后减小，在 20 min 时有最大值。

随着市场对法兰克福香肠、高温火腿肠等乳化肉制品需求量的增加，生产越来越集中，加工企业的规模逐步扩大，斩拌机的生产能力也随之增加。有文献报道使用容积为 1200 L 的斩拌机能够大规模地生产香肠。但是，由于自身条件的限制，斩拌机的容积很难再增加。在直径较大的斩拌机中，若原料不足，则很难实现有效的加工（如原料不能和斩刀很好地接触等），因此，需要一次性投入大量的原料。在不增加加工时间的前提下使用大容积斩拌机时，要取得良好的乳化效果就必须提高斩刀速度，并且要保持原辅料的均匀分散，这在实际生产过程中很难实现。同时，大容积的斩拌机和高速运转的斩刀要求配备功率强大的发动机，这样便增加了设备价格、能量消耗和产品生产成本，因此，斩拌机有可能被其他乳化设备所代替。曹乐平等（2004）报道了滚筒式斩拌滚揉一体机，用人工神经网络的控制系统和独特的滚筒设计，使滚揉和斩拌两种功能有机结合，加工过程中的温度、速度实现模糊控制，很好地提升了设备的生产能力和实用功能，提高了设备的自动化和智能化程度。

二、打浆机对乳化肉制品的影响

打浆机（图 1-2）是我国肉制品加工中独有的设备，主要用于中高档乳化肉制品的加工。关于打浆机加工原理的报道很少，通常和绞肉机配合使用，绞碎的肉糜通过桨叶的搅打作用，进一步破坏肌肉细胞和组织。桨叶是打浆机的主要组成部分，与比较锋利的斩刀相比，桨叶厚度一般大于 0.5 cm，这

图 1-2 打浆机及桨叶

就决定了两者粉碎和乳化肉糜的原理不同。现在使用的最大打浆机的容积为 800 L。在打浆过程中，桨叶转动速度一般大于 100 r/min，转速太慢不利于肌肉的粉碎及加入食盐后肌原纤维蛋白的溶解和溶出；转速太快，肉糜升温迅速，加工时间减少，肌原纤维蛋白的溶出量减少，不利于凝胶结构的形成。

三、存在的问题

乳化质量决定乳化肉制品的品质。斩拌机是普遍使用的乳化肉制品加工设备，但斩刀转速快，容易使乳化肉糜升温过快，特别是局部升温较快，降低肉糜乳化效果，造成乳化质量不稳定，影响产品质量。国内外学者对斩拌机的乳化稳定性进行了广泛的研究，但仅限于对斩拌机和斩拌工艺的完善，如添加在线监控系统及添加冰水等。因此，非常有必要使用新型乳化设备，提高乳化质量。打浆机是具有中国特色的乳化设备，在我国应用广泛。但关于其加工过程中对肉糜品质和蛋白质构象的影响未见报道，对其进行深入的研究有利于指导生产和推广应用。打浆机与斩拌机的构造不同，打浆机桨叶较钝，对肉糜的粉碎和乳化的方式也和斩拌机明显不同，两种不同的粉碎和乳化方式必定对肉糜的品质和蛋白质构象产生影响。

目前，国内乳化肉制品属于高盐高脂肉制品，过量地摄入食盐和脂肪将增加高血压、心脑血管疾病的发病率，但减少食盐和脂肪的添加量，会降低乳化肉制品的品质和风味。如何在不降低产品质量的前提下，降低乳化肉制品中食盐和脂肪的含量是肉品行业的一个技术难题。

第二章 斩拌和打浆对猪肉肌原纤维结构和蛋白质构象的影响

乳化肉制品品种丰富，花样繁多，能够给消费者在营养、质构和风味等方面提供大量的选择。通常情况下，不同国家和地区都拥有一些特色的乳化肉制品，这些产品的发展主要依靠传统继承的力量。在中国，公元6世纪，贾思勰所著的《齐民要术》中详细地描述了“炙跳丸”的加工方法。贡丸作为对“炙跳丸”加工方法的完美继承和发展，是我国乳化肉制品的代表，其使用了独特的加工方法——打浆，造就了贡丸独特的品质特性。其他乳化肉制品，如法兰克福香肠等产品具有多汁性和较好的嫩度，而贡丸具有较高的硬度、较好的弹性和脆度。但目前对打浆工艺的乳化机理未见报道。

对肌肉进行粉碎，获得合适的肉糜颗粒是乳化肉制品加工过程中的重要环节。这个过程对肌原纤维、肌内膜和肌束膜等肌肉组织进行破坏，有利于添加食盐后肌原纤维蛋白的水解和溶胀，加速肌原纤维蛋白的溶出，提高肉糜品质。这个环节也与乳化肉制品的出品率、色泽、质构和多汁性等有很大的关系。斩拌机是肉制品实际生产中使用广泛、稳定性好的粉碎、混合和乳化设备，其主要依靠斩盘转动和斩刀高速运转产生的剪切力和撕裂力等将肉块斩碎，混合均匀。肉糜打浆机在我国使用很广泛，但关于其在粉碎和混合肉糜过程中的作用和机理未见报道。

拉曼光谱是一种快速、无损的提供蛋白质肽链变化信息的技术，如肌肉蛋白质二级和三级结构的变化及对共价键（二硫键等）和非共价键（疏水作用力和氢键等）的影响。由于水对散射光谱影响较小，拉曼光谱能够直接用于水相系统。在此基础上，拉曼光谱已经被用于分析加热过程中肉糜凝胶蛋白质结构的变化和不同的加工方法（高静压）及不同的加工阶段（广式香肠在发酵成熟的过程）中蛋白质结构的变化。但是，很少有报道研究不同乳化方法对肌肉纤维结构和蛋白质构象变化的影响。因此，本章的目的是研究斩拌和打浆对肌原纤维破坏程度、肉糜颗粒粉碎程度和蛋白质构象变化的影响。

第一节　研究材料与方法概论

一、实验材料

冷却 24 h 的猪后腿肉，购于南京苜蓿园大街菜市场。剔除猪肉中的结缔组织和多余的脂肪，使用绞肉机绞碎（6 mm 孔板），用双层真空包装袋（PE/尼龙）进行分装，每袋 1000 g，真空包装，储存于−20℃直到加工，储存时间不得超过 2 周。使用前在 0～4℃冷库中解冻约 12 h，至中心温度为 0℃左右。

二、仪器与试剂

MC-6 打浆机（山东嘉信食品机械有限公司）；Stephan UMC-5C 斩拌机（德国）；Hanna pH 计（意大利）；T25 高速匀浆器（德国 IKA 公司）；S-3000N

扫描电镜（日本岛津公司）；Shimadzu AUY120 电子天平（日本岛津公司）；BX41 明场相差显微镜（日本日立公司）；Mastersizer 2000 粒径仪（英国 Malvern Instruments 公司）；显微激光拉曼光谱仪（JY Labram HR 800）（法国 Jobin-Yvon 公司）；HH-42 水浴锅（常州国华电器有限公司）；全自动凯氏定氮仪（Kjeletc[TR] 2003，丹麦）；绞肉机（山东嘉信食品机械有限公司）；消化炉（丹麦 MOSS 公司）。

氯化镁、氯化钾、EGTA、磷酸氢二钾、二硫苏糖醇、磷酸二氢钾均为分析纯。

三、方法

1. 猪肉化学成分测定

猪肉中水分和灰分含量的测定方法按照 AOAC 2000 进行，每组平行测定三次。蛋白质含量使用全自动凯氏定氮仪（Kjeletc[TR] 2003）测定。脂肪含量使用索氏抽提法测定。

2. 猪肉 pH 测定

取 10 g 猪肉绞碎，加入 40 mL 预冷的双蒸水中，使用匀浆器 15 000 r/min 匀浆 10 s，pH 使用 Hanna pH 计测定，每组重复三次。

3. 猪肉肉糜的制备

解冻后的猪后腿肉分别采用斩拌和打浆的方法进行加工，每种加工方法均重复 4 次。使用斩拌工艺以 Lin 和 Lin（2004）的方法为参考，并稍作改动：将 1000 g 解冻后的猪后腿肉放入斩拌机，1500 r/min 斩拌 30 s，停 3 min；再 1500 r/min 斩拌 30 s，停 3 min；最后 3000 r/min 斩拌 60 s，肉糜中心温度低于 10℃。使用打浆工艺操作方法如下：将 1000 g 解冻后的猪后腿肉放入打浆机，200 r/min 打浆 15 min；中心温度低于 10℃。以上两种处理均在低于 10℃的环境中操作。将加工好的 35 g 肉糜装入 50 mL 的离心管中，每种加工方法重复分装为 18 个离心管。500 *g* 离心 3 min，完全除去肉糜中的气泡。9 个离心管放入 0～4℃冷库中待用；剩余的 9 个离心管放入 80℃水浴锅中煮制 20 min（中心温度 72℃），冷却后放入 0～4℃冷库中待用。

4. 明场相差显微镜观察猪肉肌原纤维

参照 Xiong 等（2000）的方法，将 10 g 肉糜放入 2～4℃的 100 mL 僵直缓冲液中（0.1 mol/L 氯化钾，2 mmol/L 氯化镁，1 mmol/L EGTA，0.5 mmol/L 二硫苏糖醇，10 mmol/L 磷酸二氢钾，pH 7.0），使用玻璃棒搅拌 60 s，肉糜分散均匀。立即取 1 滴含有肌原纤维组织的溶液滴在载玻片中央位置，盖上盖玻片，放在 BX41 明场相差显微镜的油镜下进行观察。

5. 测定猪肉肉糜粒径

取 10 g 肉糜放入 2～4℃的 100 mL 双蒸水中，使用 T25 高速匀浆器 3000 r/min 匀浆 15 s。使用 Mastersizer 2000 粒径仪测定粒径，在测定的过程中使用粒径仪自带循环系统保证肉糜颗粒在双蒸水中分散均匀，每次测定将获得 4 个准确的测量值。结果使用 $D_{0.1}$、$D_{0.5}$、$D_{0.9}$、$D_{3,2}$、$D_{4,3}$ 进行分析。$D_{0.1}$、$D_{0.5}$、$D_{0.9}$ 分别表示粒径积累值达到体积分数的 10%、50%、90%

时的粒径大小；$D_{3,2}$表示体积表面积等效平均值，即粒径对表面积的加权平均值；$D_{4,3}$表示体积质量等效平均直径，即粒径对体积的加权平均值。

6. 扫描电镜观察

使用 S-3000N 扫描电镜对生肉糜进行扫描电镜观察。样品的制备和基本的分析参照 Haga 和 Ohashi（1984）的方法并稍作修改。生肉糜样品在 2.5%的戊二醛溶液（0.1 mol/L 磷酸盐缓冲液，pH 7.0）中固定 24 h；取样为（3×3×3）mm^3 立方体，放入 2.5%的戊二醛溶液（0.1 mol/L 磷酸盐缓冲液，pH 7.0）中固定 24 h。使用 0.1 mol/L 磷酸盐缓冲液（pH 7.0）清洗 10 min，再使用含有 1.0%四氧化锇的 0.1 mol/L 磷酸盐缓冲液（pH 7.0）清洗 5 h，然后再用 0.1 mol/L 磷酸盐缓冲液（pH 7.0）清洗 10 min，使用 50%，70%，90%，95%，100%乙醇梯度脱水各 10 min，最后使用 100%乙醇脱水 2 次，各 10 min。冷冻干燥后喷 10 nm 厚度的金，通过扫描电镜观察并拍照。

7. 拉曼光谱测定

取适量生肉糜均匀涂抹在载玻片中央，使用显微拉曼光谱仪进行测定，使用单晶硅对拉曼光谱仪进行频率校正，再用 50 倍长焦距镜头将激光聚焦到样品上，功率 100 mW 左右，获取的拉曼光谱波段在 400～3600 cm^{-1}。每个肉样测定 3 次。拉曼光谱测试在南京师范大学分析测试中心进行。参考 Shao 等（2011）的方法，具体测定条件如下：600 g/mm 光栅，狭缝 200 μm，3 次扫描数据，获取速度为 120 $cm^{-1}\cdot min^{-1}$，分辨率为 2 cm^{-1}，积分时间为 60 s。因为苯丙氨酸环在 1001 cm^{-1} 伸缩振动强度不随蛋白质结构变化而变化，可以将其作为内标对拉曼光谱数据进行归一化。根据文献已报道的蛋白质和多肽拉曼光谱，对氨基酸侧链和肽键骨架振动光谱条带进行指认和分析。蛋白质二级结构（α-螺旋，β-折叠，β-转角，无规则卷曲）的含量使用 Alix 等（1988）的方法计算得到。

8. 统计分析

使用统计软件 SPSS. v.18.0（SPSS Inc.，USA）对数据进行分析。应用独立样本 *t*-检验分析打浆或斩拌工艺对肉糜颗粒和蛋白质构象的差异是否显著。

第二节　斩拌和打浆对肌原纤维结构和蛋白质构象的影响

一、化学成分和 pH 测定

经测定，猪肉的化学成分如下：水分为 71.18%；蛋白质为 20.47%；脂肪为 7.14%；pH 为 5.78。

二、猪肉肌原纤维结构的明场相差显微镜观察

使用斩拌和打浆工艺制备的肉糜中肌原纤维结构的明场相差显微镜观察结果如图 2-1 所示。从形态学上来说，两种乳化工艺生产的肉糜有明显的差别。使用斩拌工艺生产的肉糜具有较大的颗粒［图 2-1（a)]，肉糜颗粒上可以观察到显著的斩刀斩切的痕迹，少数分散的肌原纤维片段分布在肉糜颗粒周围，且肌原纤维片段较长。使用打浆工艺生产的肉糜［图 2-1（b)]，肌肉粉碎强度比斩拌强烈，肌原纤维片段较短，有很多肌原纤维片段少于 10 个肌节。

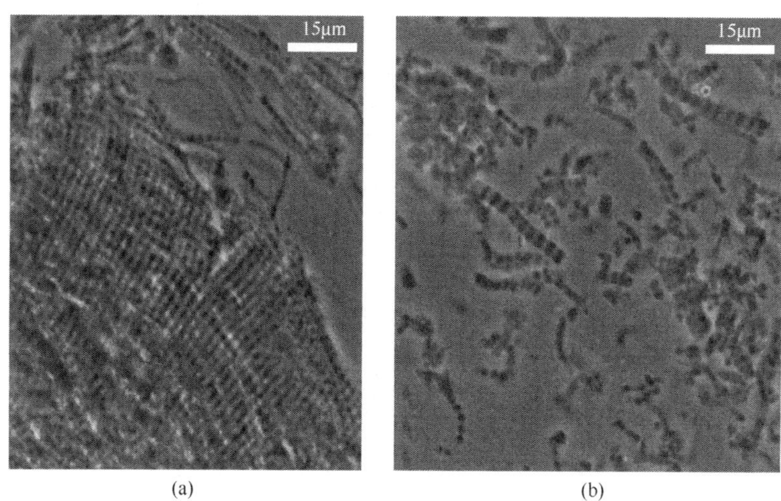

图 2-1 斩拌和打浆工艺肉糜的明场相差显微镜观察图片

（a）斩拌处理肉糜；（b）打浆处理肉糜

三、肉糜粒径测定

从图 2-2 可以得到斩拌和打浆肉糜中颗粒大小分布的规律。两种肉糜都显示出双峰分布，即一个主峰和一个肩峰。说明在肉糜中有两种主要的肉糜颗粒，

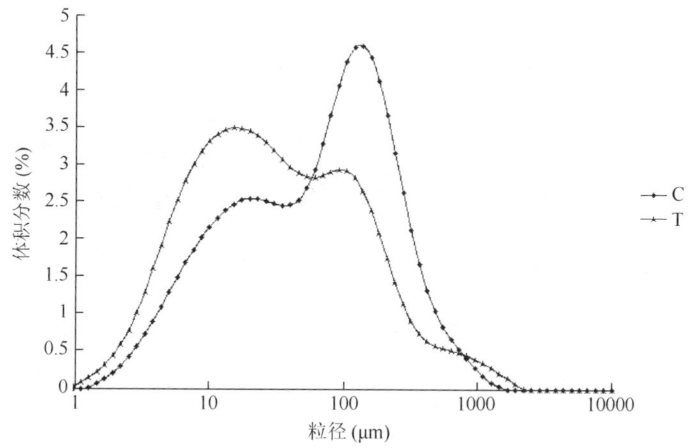

图 2-2 斩拌和打浆工艺对肉糜粒径大小分布的影响（3000 r/min 匀浆 15 s，2～4℃）

C 表示斩拌处理肉糜；T 表示打浆处理肉糜

一种占主导地位，一种是从属地位。斩拌和打浆肉糜中主峰分别位于 138 μm 和 15 μm，肩峰分别位于 20 μm 和 91 μm，这个结果说明打浆产生的肉糜颗粒显著小于斩拌产生的肉糜颗粒。表 2-1 表明了斩拌和打浆工艺对肉糜平均粒径分布影响的情况。与斩拌肉糜相比，打浆肉糜的 $D_{3,2}$，$D_{4,3}$，$D_{0.1}$，$D_{0.5}$ 和 $D_{0.9}$ 数值显著（$P<0.01$）减小。这个结果与图 2-1 和图 2-2 的结果一致。结合以上结果，能够说明打浆工艺对肉糜粉碎的强度更大。

表 2-1　斩拌和打浆对在 2～4℃下 3000 r/min 匀浆 15 s 猪肉肉糜粒径的影响

样品	$D_{3,2}$（μm）	$D_{4,3}$（μm）	$D_{0.1}$（μm）	$D_{0.5}$（μm）	$D_{0.9}$（μm）
C	111.85±1.50	19.78±0.26	7.13±0.07	65.66±2.13	264.32±8.00
T	77.60±7.55	12.23±0.11	4.76±0.03	26.05±0.48	182.02±9.45
Sign.	**	**	**	**	**

注：C 表示斩拌处理肉糜；T 表示打浆处理肉糜；**表示 $P<0.01$。

四、扫描电镜结果

如图 2-3 所示，使用斩拌和打浆工艺制备的肉糜中肌纤维结构扫描电镜的观察结果有显著的区别。在使用斩拌工艺的肉糜中［图 2-3（a）］，

(a)

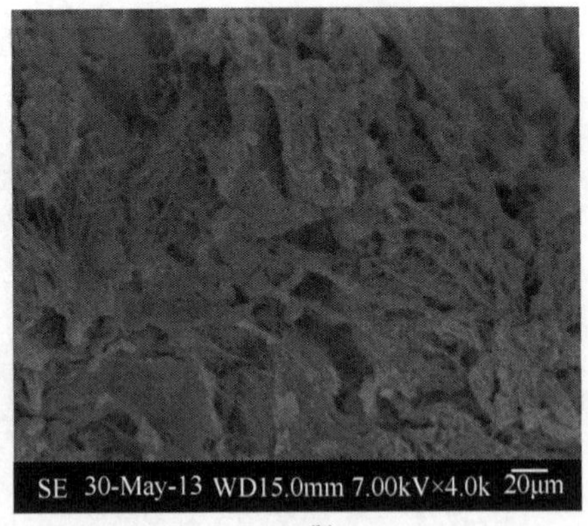

(b)

图 2-3　斩拌和打浆工艺对肉糜微观结构的影响

（a）斩拌处理肉糜；（b）打浆处理肉糜

肌纤维被高速运转的斩刀斩断且切面光滑有序，许多肌束整齐地集聚在一起，肌原纤维和肌内膜没有被破坏。在使用打浆工艺生产的肉糜中［图 2-3（b)］，虽然也存在很多肌束，但肌束被运转桨叶压溃，变得无序，并且产生很多细丝状物质，从图片上看，很多肌原纤维和打浆产生的细丝交联在一起。

五、拉曼光谱分析

图 2-4 给出了斩拌和打浆工艺生肉糜和蒸煮肉糜中蛋白质在 500～2000 cm^{-1} 波段的拉曼光谱图。依据先前报道的文献，表 2-2 给出了肉糜蛋白质拉曼光谱中主要的指定条带。拉曼光谱中波段的变化主要对应生肉糜或蒸煮肉糜中蛋白质二级结构和微环境的变化。

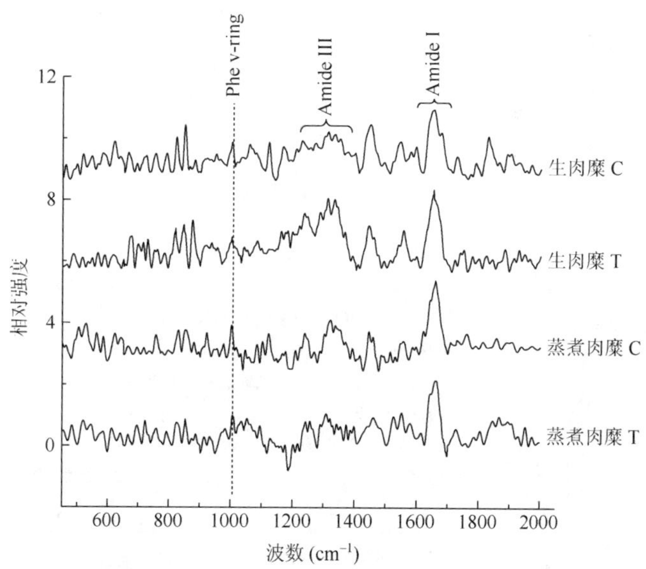

图 2-4　斩拌和打浆肉糜中蛋白质的拉曼光谱（500～2000 cm^{-1}）

C 表示斩拌处理肉糜；T 表示打浆处理肉糜

表 2-2 猪肉肉糜中蛋白质的拉曼光谱条带指认

波数（cm^{-1}）	峰的来源及峰的指认
514	胱氨酸，半胱氨酸，蛋氨酸，S—S 的伸缩振动：存在扭式-扭式-扭式 S—S 构象
530	胱氨酸，半胱氨酸，蛋氨酸，S—S 的伸缩振动：存在扭式-扭式-反式 S—S 构象
547	胱氨酸，半胱氨酸，蛋氨酸，S—S 的伸缩振动：存在反式-扭式-反式 S—S 构象
630～670	胱氨酸，半胱氨酸，蛋氨酸，S—S 的伸缩振动：存在 S—Sstretch 扭式构象
825	酪氨酸环的基频和泛频费米共振
852	酚羟基的状态（是暴露还是包埋，氢键的供体还是受体），Tyr *ν*-ring
758	色氨酸伸缩振动
882	Trp *ν*-ring
932	酰胺III C═C 伸缩振动（*α*-螺旋）
1003	苯丙氨酸环的呼吸震动，作为内标
1034	苯丙氨酸环
1063	骨架 CN，CH 伸缩振动
1126	骨架 CN 伸缩振动
1208	酪氨酸或苯丙氨酸
1244	酰胺III多肽骨架振动 *β*-折叠
1304	酰胺III *α*-螺旋或 CH 弯曲振动
1322	色氨酸或脂肪族 CH 弯曲振动
1340	δCH
1410	精氨酸、谷氨酸羧基上的 C═O 伸缩振动
1453	CH_3，CH_2，CH 的弯曲振动

续表

波数（cm^{-1}）	峰的来源及峰的指认
1600～1700	（酰胺Ⅰ）1655±5cm^{-1} α-螺旋 1670±5 cm^{-1} 反平行 β-折叠 1665±5 cm^{-1} 随机卷曲 1680 cm^{-1} β-转角
2936	脂肪族 CH 伸缩振动

1. 肉糜中蛋白质二级结构变化分析

在 1665 cm^{-1} 附近的拉曼光谱条带被指认为酰胺Ⅰ带的伸缩振动，主要是肽键 C═O 的伸缩振动，也包含有 C—α-C—N 的弯曲振动、C—N 的伸缩振动、N—H 的面内弯曲振动。这些变化能够提供蛋白质二级结构的信息。由于酰胺Ⅰ带对肽键上氢键的变化比较敏感，α-螺旋、β-折叠、β-转角和无规则卷曲分别交错有序地分布在 1650～1660 cm^{-1}，1665～1680 cm^{-1}，1680 cm^{-1} 和 1660～1665 cm^{-1} 条带上。表 2-3 给出了使用 Alix 等（1988）的计算方法定量测量蛋白质二级结构的结果。虽然 Alix 的计算方法仅仅能够用来粗略地定量测量蛋白质二级结构，且有些测量蛋白质二级结构的总和大于或小于 100%，以及 α-螺旋、β-折叠也可能出现负值，但这种方法仍旧是一种定量测定肉类蛋白质二级结构有效的方法。在图 2-4 中，斩拌和打浆工艺生肉糜酰胺Ⅰ带的波峰分别对应于 1653 cm^{-1} 和 1656 cm^{-1}，表明 α-螺旋是蛋白质二级结构的主体。根据表 2-3，斩拌和打浆工艺生产的生肉糜蛋白质二级结构的组成有显著的区别（$P<0.05$）。主要表现为在打浆肉糜中，β-折叠、β-转角和无规则卷曲的质量分数显著增加，而 α-螺旋的质量分数显著下降。80℃加热 20 min 后，斩拌和打浆工艺熟肉糜酰

胺Ⅰ带的波峰分别上移于 1660 cm^{-1} 和 1662 cm^{-1}（图 2-4），表明 β-折叠质量分数增加。表 2-3 的结果表明，加热对斩拌和打浆工艺肉糜蛋白质二级结构都有显著的影响。加热后，α-螺旋含量下降（$P<0.01$），伴随着 β-折叠、β-转角和无规则卷曲的质量分数显著增加（$P<0.05$）。加热后打浆工艺肉糜中 β-折叠（$P<0.01$）、β-转角（$P<0.05$）和无规则卷曲（$P<0.05$）的质量分数仍旧高于加热后斩拌肉糜，且 α-螺旋质量分数低于（$P<0.01$）加热后斩拌肉糜。以上实验结果表明，与斩拌相比，打浆能够引起肉糜中蛋白质二级结构更多的变化，且这些变化对热处理稳定。

表 2-3　斩拌和打浆工艺对生肉糜和蒸煮肉糜中蛋白质二级结构（α-螺旋，β-折叠，β-转角，无规则卷曲）质量分数的影响

样品名称	α-螺旋			β-折叠			β-转角			无规则卷曲		
	肉糜	蒸煮肉糜	Sign.	肉糜	蒸煮肉糜	Sign.	肉糜	蒸煮肉糜	Sign.	肉糜	蒸煮肉糜	Sign.
C	73.89±3.30	49.20±3.28	**	5.15±2.53	24.07±2.51	**	12.27±0.52	16.14±0.29	**	9.13±0.20	10.64±0.20	*
T	58.70±5.70	39.73±3.28	**	16.79±4.37	31.33±2.51	**	14.65±0.89	17.62±0.29	*	10.06±0.35	11.22±0.20	*
Sign.	**	**		**	**		*	*		*	*	

注：C 表示斩拌处理肉糜；T 表示打浆处理肉糜；**表示 $P<0.01$；*表示 $P<0.05$。

酰胺Ⅲ带也能够反映蛋白质二级结构信息，包括了肽键上 C—N 伸缩振动和 N—H 面内弯曲振动。蛋白质中 α-螺旋含量高，拉曼光谱在 1260～1300 cm^{-1} 有一个弱峰；β-折叠含量高，在 1230～1245 cm^{-1} 有一个较强的波峰，而无规则卷曲集中在 1245 cm^{-1} 左右。从图 2-4 看出，斩拌生肉糜在 1297 cm^{-1} 处有一个强度较高的光谱峰，而打浆生肉糜在 1271 cm^{-1} 处有一个低波段峰，在 1232 cm^{-1} 伴随着一个弱峰。这个结果表明，和斩拌工艺相比，使用打浆工艺的肉糜具有较高的 β-折叠含量和较低的 α-螺旋含量。加热后的斩拌和打浆肉糜分别在 1239 cm^{-1} 和 1242 cm^{-1} 有个光谱峰，这表明加热处理增加了 β-折叠和无规则卷曲的含量。但使用酰胺Ⅲ带很难解释蛋白质二级结构的变化信息，因为振动光谱在酰胺Ⅲ区域的谱带很复杂。

2. 肉糜中蛋白质微环境变化分析

肉糜样品的拉曼光谱也能够提供蛋白质三级结构（微环境）变化的信息，如色氨酸、酪氨酸双峰和脂肪族氨基酸的疏水侧链基团。拉曼光谱的这些变化主要提供疏水作用等变化信息。

1）蛋白质中二硫键的变化

S—S 伸缩振动的变化显示在拉曼光谱的 500～650 cm^{-1} 波长范围内。蛋白质和肽键的色氨酸残基显示在拉曼光谱的 510 cm^{-1} 附近，被指认为二硫键中 S—S 的伸缩振动，包含有扭式-扭式-扭式 S—S 构象。这种构象具有最低的势能，是许多天然蛋白质设定的二硫键理想的构象。拉曼光谱中位于 516～530 cm^{-1} 和 535～545 cm^{-1} 的光谱带分别被指认为扭式-扭式-反式和反式-扭式-反式 S—S 构象，具有最小的 C—C—S—S 双面夹角。斩拌生肉糜在 516 cm^{-1} 和 545 cm^{-1} 光谱带有弱峰，而打浆生肉糜有 3 个弱峰，分别在 515 cm^{-1}，532 cm^{-1} 和 546 cm^{-1} 左右（图 2-5）。这个结果表明，和斩拌工艺相比较，打浆工艺能够诱导扭式-扭式-扭式和反式-扭式-反式 S—S 构象转化为扭式-扭式-反式 S—S 构象，拥有更高的势能构象。在热处理后的肉糜中，斩拌和打浆工艺分别在 529 cm^{-1} 和 519 cm^{-1} 左右产生 2 个新峰。这些变化表明，热处理能够使扭式-扭式-扭式和反式-扭式-反式 S—S 构象向扭式-扭式-反式 S—S 构象转变。由以上结果可以得到，打浆和热处理这两种加工工艺对 S—S 伸缩振动和振动程度有相似的影响。

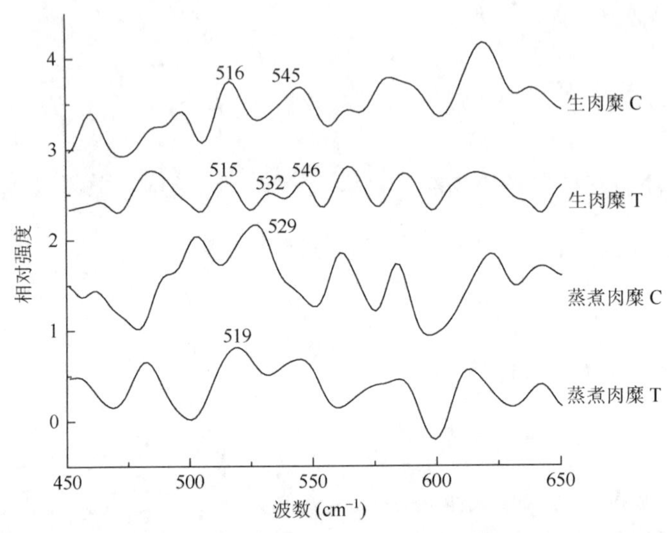

图 2-5　斩拌和打浆肉糜中蛋白质的拉曼光谱（450～650 cm^{-1}）

C 表示斩拌处理肉糜；T 表示打浆处理肉糜

2）蛋白质中色氨酸残基的变化

拉曼光谱中 760 cm^{-1} 附近的条带被指认为色氨酸残基环的伸缩振动。从表 2-4 可以得出，斩拌和打浆生肉糜在 760 cm^{-1} 附近的拉曼光谱条带的归一化强度有显著不同（$P<0.05$），分别是 0.62 和 0.56，而加热后分别是 0.65 和 0.52，这些结果表明，与斩拌工艺相比，打浆工艺能够引起蛋白质的展开，使更多的疏水微基团暴露在极性水溶液中。然而，在同种乳化工艺的蒸煮肉糜中，拉曼光谱中 760 cm^{-1} 附近条带的归一化强度没有显著变化。

表 2-4　斩拌和打浆对生肉糜和蒸煮肉糜蛋白质微环境归一化相对密度的影响

样品名称	I_{760}/I_{1003}			I_{850}/I_{830}		
	生肉糜	蒸煮肉糜	Sign.	生肉糜	蒸煮肉糜	Sign.
C	0.62±0.02	0.65±0.04	ns	1.32±0.20	1.04±0.06	*
T	0.56±0.03	0.52±0.04	ns	1.15±0.02	1.18±0.07	ns
Sign.	*	*		*	*	

注：C 表示斩拌处理肉糜；T 表示打浆处理肉糜；ns 表示无差异；*表示 $P<0.05$。

3）蛋白质中酪氨酸双峰的变化

当酪氨酸残基暴露在水相或极性环境中，或同时作为受体和中到弱氢键的供体时，双峰的比值（I_{850}/I_{830}）为 0.90～2.5。与之相反，当酪氨酸残基被包埋在一个疏水环境中，同时作为氢键供体时，双峰的比值（I_{850}/I_{830}）为 0.7～1.0，但是当作为强氢键供体到一个负极性的受体时，比值能够低到 0.3。斩拌和打浆的生肉糜中酪氨酸双峰的比值都高于 1.0（表 2-4），这表明斩拌和打浆工艺都能够使酪氨酸残基暴露在极性环境或水相中。与斩拌生肉糜相比，热处理后的样品和打浆生肉糜双峰的比值显著降低（$P<0.05$）。结果表明，由于蛋白质变性的增加，打浆和热处理都能够使更多的酪氨酸残基被包埋在疏水微环境中。但是打浆处理的肉糜，在加热前后双峰的比值没有显著变化（$P>0.05$），表明打浆引起蛋白质变性，使酪氨酸残基被包埋。

4）蛋白质中脂肪族 C—H 伸缩振动

Howell 等（1999）报道了脂肪族氨基酸、多肽、蛋白质在拉曼光谱中 2800～3050 cm^{-1} 光谱条带范围内为 C—H 伸缩振动的信息。图 2-6 给出了在加工过程中 C—H 伸缩振动变化的信息，最强的 C—H 伸缩振动光谱条带位于 2935 cm^{-1} 附近。与斩拌肉糜相比，打浆肉糜最强的 C—H 伸缩振动光谱条带向高波长方向移动，从 2929 cm^{-1} 移动到 2932 cm^{-1}。Lasson 和 Rand（1973）发现肽链中烃链周围微环境的极性增加，引起最强的光谱条带从 2930 cm^{-1} 向高波长方向移动，这是由于蛋白质的展开和脂肪族氨基酸残基的暴露。与斩拌工艺相比，打浆工艺能够使 α-螺旋展开，疏水性氨基酸暴露，引起更多的氨基酸变性。加热后，所有样品最强的光谱条带向高波长方向移动到 2937 cm^{-1}。Xu 等（2011）报道了由于蛋白质二级结构和三级结构中氢键的破坏，加热猪肉肌原纤维蛋白从 30℃到 70℃，拉曼光谱最强的光谱条带有向高波长方向移动的趋势。

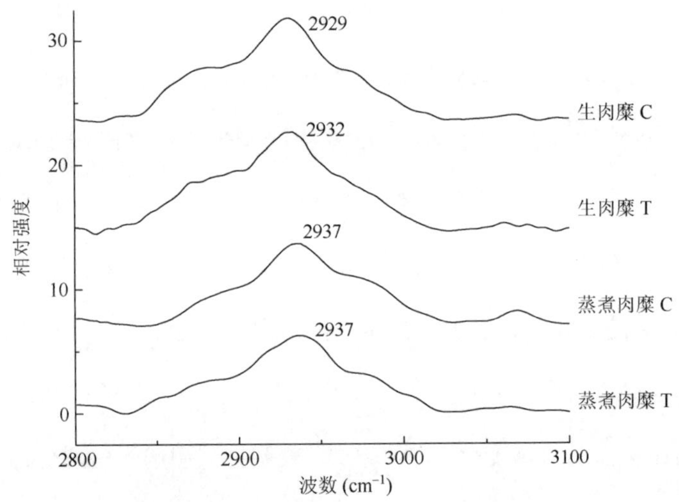

图 2-6　斩拌和打浆肉糜中蛋白质的拉曼光谱（2800～3100 cm^{-1}）

C 表示斩拌处理肉糜；T 表示打浆处理肉糜

第三节　结 果 讨 论

形成肉糜乳化体系的工序通常包括粉碎、混合和乳化。肌肉的粉碎程度及粉碎过程中蛋白质的变化对肉糜凝胶和肉糜乳化制品的品质特性有重要的影响，如提高肉制品的嫩度和改善肉制品的均一性。与斩拌工艺相比，打浆工艺能够减少肌原纤维片段的长度，对肌原纤维的破坏比较彻底，这种差异是由斩拌机和打浆机粉碎肌肉的原理不同造成的。斩拌机粉碎和乳化肌肉主要是斩盘的运转配合斩刀的高速运转（＞1500 r/min）产生的剪切力和撕裂作用将肌肉粉碎，要求斩刀锋利，斩刀和斩盘的最小距离适中，两者速度配合合理。而打浆机粉碎肌肉是通过较钝桨叶的快速运转（＜200 r/min）带动肉糜整体运动产生压溃力、摩擦力和撕裂作用，要求桨叶的厚度在 0.5 cm 左右，速度大于 100 r/min。许多学者报道了使用不同的匀浆机和匀浆速度可产生不同肌原纤维片段，Olson 等（1976）报道了匀浆时间和方法影响肌原纤维片段指数；Karumendu 等（2009）发现使用 11 000 r/min、13 000 r/min、16 000 r/min、19 000 r/min 和 22 000 r/min 处理羊肉时，使用 16 000 r/min 时肌原纤维小片段化指数差异最为显著。

从粒径测定结果来看，在斩拌肉糜中 $D_{3,2}$、$D_{4,3}$、$D_{0.1}$、$D_{0.5}$ 和 $D_{0.9}$ 的数值比打浆肉糜大，说明斩拌肉糜有较大的颗粒，即有较多的肌节。在肉糜制作过程中，温度是一个重要的因素，温度过高易引起蛋白质变性，降低肉糜的质构特性、保水性和乳化稳定性。高速运转的斩刀和碎肉颗粒摩擦产生大量的热量，造成肉糜中局部温度过高，引起部分蛋白质变性和肉糜温度整体升高。斩拌时间过长，温度过高，会使肉糜的品质特性下降，如质构变差、保水和保油性能下降。斩拌不充分，肌肉粉碎和肌原纤维蛋白溶解不充分，也会引起肉糜的品质特性下降。因此，整个斩拌过程要求在 2～5 min。使用打浆机加工肉糜时，桨叶带动肉糜整体运动速度较慢，肉糜与桨叶，肉糜与肉糜之间产生一定的相对运动，产生的摩擦力较小，热量也较少，肉糜温度升高较慢，有利于肉糜的长时间加工。由于桨叶较钝，打浆在短时间内难以彻底粉碎肌肉，因此，整个加工过程要求在 10～20 min。打浆过程中产生的各种力对肉糜的长时间作用，有利于肌原纤维的断裂和肌节的分离。而斩拌加工过程中由于斩刀和斩盘之间有一定空隙，肉糜之间基本没有摩擦，粉碎肉糜颗粒到一定的大小后，延长斩拌时间对肉糜进一步粉碎的效果不显著。

扫描电镜图片显示，斩拌肉糜中肌肉斩切面整齐平滑，肌束膜和肌内膜保持完好，说明斩拌处理只是斩刀对肌肉起到斩碎的作用，对斩刀触及不到的肌肉作用较小。而在打浆肉糜中产生了很多细丝，肌束也变得不规则，肌束膜和肌内膜完全遭到破坏，与明场相差显微镜观察和粒径鉴定结果一致。这个结果可以表明打浆工艺能够引起更多的蛋白质变性，这也和拉曼光谱分析的结果一致。在打浆生肉糜中含有较高的 β-折叠、β-转角、无规则卷曲含量和低的 α-螺旋含量。结果表明，与斩拌相比，使用打浆工艺能够引起更多的 α-螺旋展开，并转变为 β-折叠、β-转角和无规则卷曲，β-折叠是形成凝胶的基础，较高的 β-折叠含量有利于提高凝胶的品质特性。加热后，所有的肉糜中 α-螺旋含量减少，β-折叠、β-转角和无规则卷曲的含量增加。很多文献报道了随着温度的升高，β-折叠，β-转角和无规则卷曲含量有升高的趋势，而 α-螺旋含量呈现下降的趋势。例如，Xu 等（2011）报道了猪肉肌原纤维蛋白随着温度的升高 α-螺旋含量下降，β-折叠、β-转角和无规则卷曲含量升高；Liu 等（2011）报道了鱼肉肌球蛋白随着温度的升高 α-螺旋含量下降，β-折叠含量升高。

斩拌和打浆工艺能够引起肉糜蛋白三级结构的变化，S—S 伸缩振动的变化对热不可逆凝胶的形成是非常重要的，这和二硫键的形成密切相关。与斩拌肉糜相比，打浆肉糜中 S—S 拥有更高势能的结构，加热也能使 S—S 具有更高势能的结构。Bouraoui 等（1997）也报道了相似的结果，在热凝胶和分段热凝胶中，拉曼光谱在 530 cm^{-1} 左右条带强度增加，推断这是由二硫键伸缩振动的变化或脂肪族氨基酸振动的减弱引起的，并形成了扭式-扭式-反式 S—S 构象。拉曼光谱中 830 cm^{-1} 和 850 cm^{-1} 附近的双峰被指认为酪氨酸残基上对位取代苯环的振动，与微环境和酚羟基上氢键的变化相关，能够用于鉴定酪氨酰残基周围微环境的变化。结果表明，打浆肉糜中有更多的蛋白质变性，使酪氨酸残基被包埋。

|第三章| 斩拌和打浆对不同食盐添加量猪肉肉糜品质特性的影响

乳化工艺是生产优质乳化肉制品的关键工序，能够粉碎肌肉和脂肪组织，混合和乳化各种原辅料，如肉类、食盐、磷酸盐和香精香料等。在乳化过程中，食盐起着关键的作用，食盐可以提取肌肉中的盐溶性肌原纤维蛋白，促使肌原纤维蛋白发生溶解和溶胀，增加肉糜的保水保油性能，影响产品的出品率、质构和货架期。另外，食盐作为风味剂，在适量添加的情况下，可提高肉制品的风味。但是许多研究表明摄入过量食盐能够增加患高血压和心血管疾病的风险。自 1958 年以来，我国高血压患者增加了 3 倍多，每年有 260 万人死于高血压引起的疾病。随着经济的不断发展，人们食用肉类制品的数量逐年增加，而传统的肉制品食盐含量都比较高，因此如何减少肉制品的食盐含量是肉制品行业的一个研究热点。

Monahan 和 Troy（1997）及 Desmond（2006）报道了使用生产工艺减少乳化肉制品食盐添加量的方法，如使用热鲜肉和高静压技术，但在大规模工厂生产中难以实现。斩拌机是在实验室和工厂被广泛使用的肉制品加工工具，如加工西式香肠和肉丸，现使用的最大规模的斩拌机容量为 1200 L。打浆机是一种具有中国特色的肉制品粉碎和乳化工具，操作简单，能够在工厂大规模使用，具有比斩拌机更好的粉碎效果，且能诱导蛋白质变性，有望作为降低乳化肉制品食盐添加量的一种加工机械。因此，本章的目的是通过分析斩拌和打浆工艺对不同食盐添加量乳化肉糜品质特性和蛋白质构象的影响，探讨乳化工艺和食盐对乳化肉糜品质特性和蛋白质构象影响的机制，得到一种减少食盐添加量、提高产品质量的乳化方法。

第一节　实验材料与方法概论

一、实验材料

冷却 24 h 的猪后腿肉（水分为 71.18%；蛋白质为 20.47%；脂肪为 7.14%；pH 为 5.78）和新鲜猪背膘（水分为 8.30%；蛋白质为 1.68%；脂肪为 89.82%），购于南京苜蓿园大街菜市场。剔除猪肉中可见的结缔组织和脂肪，使用绞肉机绞碎（6 mm 孔板），用双层真空包装袋（PE/尼龙）进行分装，每袋 1000 g，真空包装，储存于–20℃直到加工，储存时间不得超过 2 周。使用前在 0～4℃冷库中解冻约 12 h 至中心温度为 0℃左右。

二、仪器与试剂

MC-6 打浆机（山东嘉信食品机械有限公司）；Stephan UMC-5C 斩拌机（德国）；绞肉机（山东嘉信食品机械有限公司）；CR-40 色差计（日本美能达公司）；Hanna pH 计（意大利）；T25 高速匀浆器（德国 IKA 公司）；S-3000N 扫描电镜（日本日立公司）；HH-42 水浴锅（常州国华电器有限公司）；ShimadzuAUY120 电子天平（日本岛津公司）；Shimadzu AUY120 电子天平（日本岛津公司）；流变仪（Auton Paar Ltd.，奥地利）；

UV-2450 紫外分光光度计（日本岛津公司）；离心机（美国 Beckman L-80-XP Ultracentrifuge）；显微拉曼光谱仪（法国 Jobin-yvon 公司）；干燥箱（上海博讯实业有限公司）。

氯化镁、氯化钾、EGTA、磷酸氢二钾、二硫苏糖醇、磷酸二氢钾均为分析纯。

三、方法

1. 猪肉肉糜的制备

解冻后的猪后腿肉分别采用斩拌和打浆的方法进行加工，每种加工方法均重复 4 次。使用斩拌工艺以 Lin 和 Lin（2004）的方法为参考，并作改动：将 1000 g 解冻后的猪后腿肉放入斩拌机，1500 r/min 斩拌 30 s，斩拌过程中加入食盐和三聚磷酸钠，停 3 min；再 1500 r/min 斩拌 30 s，斩拌过程中加入白胡椒粉、白砂糖和猪背膘，停 3 min；最后 3000 r/min 斩拌 60 s，中心温度低于 10℃。使用打浆工艺操作方法如下：将 1000 g 解冻后的猪后腿肉、食盐和三聚磷酸钠放入打浆机，200 r/min 打浆 10 min；加入白胡椒粉、白砂糖和猪背膘，200 r/min 打浆 10 min，中心温度低于 10℃。以上两种处理均在低于 10℃的环境中操作。将肉糜做成直径为 30 mm 的肉丸，80℃水浴加热 20 min（中心温度 72℃）。冷却（中心温度 20℃）后使用双层包装袋（尼龙/ PE）真空包装，放入–20℃的冷库中储存到感官评定（不超过 2 周）。所有处理组均添加 1000 g 猪后腿肉，250 g 猪背膘，30 g 白砂糖，3 g 三聚磷酸钠和 1 g 白胡椒粉，使用不同配方和乳化工艺分组如下：C1 为 0.5%食盐，斩拌；C2 为 1%食盐，斩拌；C3 为 2%食盐，斩拌；C4

为 3%食盐，斩拌；T1 为 0.5%食盐，打浆；T2 为 1%食盐，打浆；T3 为 2%食盐，打浆；T4 为 3%食盐，打浆。

2. 色差的测定方法

使用 CR-40 色差计对生肉糜和蒸煮肉糜中心部位进行测定，标准白色比色板为 L^*=96.86，a^*=–0.15，b^*=1.87。不同配方和乳化工艺的样品测定 5 次。其中 L^*代表亮度值，a^*代表红度值，b^*代表黄度值。

3. 肉糜 pH 测定

取 10 g 肉糜绞碎，加入 40 mL 预冷的双蒸水中，使用匀浆器 15 000 r/min 匀浆 10 s，pH 使用 Hanna pH 计测定，每组重复三次。

4. 乳化稳定性的测定方法

根据 Fernándz-Martín 等（2009）的方法对肉糜乳化稳定性进行测定。取 25 g 肉糜放入 50 mL 离心管中，3℃，500 *g* 离心 5 min 去除肉糜中的气泡。封闭离心管，放入 80℃水浴加热 20 min。取出后使用纸巾擦干外面的水分，立即打开试管盖，在室温下放置 50 min，以利于汁液的吸收和释放。渗出液（total fluid release，TR）即释放的总液体的质量和样品初始质量的百分比，渗出液越多，乳化稳定性就越低。渗出液中水分含量，即水分渗出量（water released，WR）为释放水分的质量和样品初始质量的百分比，采用将渗出液在 105℃烘干 16 h 的方法进行测定。渗出液中含有少量的食盐和蛋白质，可以忽略不计，因此，烘干后剩余的物质为脂肪渗出物（fat released，FR），即释放的脂肪的质量和样品初始质量的百分比。每个处理组重复 4 次。

5. 盐溶性蛋白溶解度的测定

测定盐溶性蛋白溶解度按照 Cofrades 等（2008）的方法并稍作修改。10 g 肉糜加入 50 mL、2～4℃的 0.6 mol/L NaCl 和 20 mmol/L 磷酸盐缓冲液中（pH 7.0），在冰浴中使用 T25 高速匀浆器 15 000 r/min 高速匀浆 90 s。匀浆后的肉糜使用高速离心机 4℃，27 200 *g* 离心 30 min，取上清液，使用 Folin-酚法测定上清液中蛋白质含量。此结果被认为盐溶性蛋白与肉糜中总蛋白的百分比。每个处理组重复 4 次。

6. 蒸煮得率

蒸煮得率为肉糜蒸煮后质量与蒸煮前质量的百分比。

7. 质构的测定

不同食盐添加量和乳化工艺的蒸煮肉糜在 2℃环境中解冻约 12 h。解冻后的蒸煮肉糜立即放入 80℃热水中煮制 15 min，捞出淋干水分，冷却至室温。取蒸煮肉糜的中心部位，制成 20 mm 高，直径为 25 mm 的圆柱体，使用 TA-XT.plus 质构仪的 P/50 圆柱形探头进行质构测定。测试条件如下：测试前速度为 2.0 mm/s，测试速度为 2.0 mm/s，测试后速度为 5.0 mm/s；压缩比为 50%，时间 5 s；触发类型为自动。得到的质构参数为硬度（hardness）：第一次压缩时使用力的最大值（N）；内聚性（cohesiveness）：第二次压缩曲线面积和第一次压缩曲线面积的比值；弹性（springiness）：第一次压缩后样品的回复百分比；咀嚼性（chewiness）：硬度×内聚性×弹性（N·mm）。

每个处理组重复 6 次。

8. 流变

不同食盐添加量和乳化工艺的肉糜的热动态流变性使用MCR301型流变仪进行测定。用 50 mm 不锈钢圆形平板探头，间隙为 0.5 mm，将肉糜均匀涂抹在两个平板之间，外周涂一层薄薄的硅油，防止水分蒸发。测定方法为20℃保温 10 min，然后从 20℃升温到 80℃，加热速率为 2℃/min。加热过程中，在一个振荡模式和固定频率为 0.1 Hz 下对样品进行连续剪切。在此过程中，测量存储模量（G'）和相位角（$\tan\delta$）的变化。每个处理组测量 3 次。

9 扫描电镜

使用 S-3000N 扫描电镜对生肉糜进行扫描电镜观察。样品的制备和基本的分析参照 Haga 和 Ohashi（1984）的方法并稍作修改。生肉糜样品在2.5%的戊二醛溶液（0.1 mol/L 磷酸盐缓冲液，pH 7.0）中固定 24 h，取样为（3×3×3）mm^3 立方体，放入 2.5%的戊二醛溶液（0.1 mol/L 磷酸盐缓冲液，pH 7.0）中固定 24 h。使用 0.1 mol/L 磷酸盐缓冲液（pH 7.0）清洗10 min，再使用含有 1.0%四氧化锇的 0.1 mol/L 磷酸盐缓冲液（pH 7.0）清洗 5 h，然后再用 0.1 mol/L 磷酸盐缓冲液（pH 7.0）清洗 10 min，使用 50%，70%，90%，95%，100%乙醇梯度脱水各 10 min，最后使用 100%乙醇脱水2 次，各 10 min。冷冻干燥后喷 10 nm 厚度的金，通过扫描电镜观察并拍照。

10. 拉曼光谱测定

取适量生肉糜或凝胶均匀地涂抹在载玻片中央，使用显微拉曼光谱仪进行测定，用单晶硅对拉曼光谱仪进行频率校正，再用 50 倍长焦距镜头将激光聚焦到样品上，功率 100 mW 左右，获取的拉曼光谱波段在 400～3600 cm^{-1}。每个肉样测定 3 次。拉曼光谱测试在南京师范大学分析测试中心进行。参考 Shao 等（2011）的方法，具体测定条件如下：600 g/mm 光栅，狭缝 200 μm，3 次扫描数据，获取速度为 120 $cm^{-1}·min^{-1}$，分辨率为 2 cm^{-1}，积分时间为 60 s。因为苯丙氨酸环在 1001 cm^{-1} 的伸缩振动强度不随蛋白质结构变化而变化，可以将其作为内标对拉曼光谱数据进行归一化。根据文献已报道的蛋白质和多肽拉曼光谱，对氨基酸侧链和肽键骨架振动光谱条带进行指认和分析。蛋白质二级结构（α-螺旋，β-折叠，β-转角，无规则卷曲）的含量使用 Alix 的方法计算得到。

11. 感官评定

根据 Meilgaard 等（1991）的评定方法对蒸煮肉糜进行感官评定。选定 8 名品尝人员并进行培训。肉糜冻藏 1 周后，打开包装，100℃蒸煮 10 min（中心温度 72℃），品尝人员对蒸煮肉糜进行感官评定。使用 9 分嗜好评分方法（9，非常满意；1，非常不满意）对加热后的蒸煮肉糜在色泽、弹性、硬度、多汁性和整体接受性等方面进行评定。

12. 统计方法

本章实验所有处理重复 4 次，每个重复至少取 20 个样品。数据统计分析采用两因素方差分析。其中一个因素为两个处理水平（斩拌或打浆工艺），另外一个因素为食盐添加量四个处理水平（0.5%，1%，2%，3%），总共（2×4）个组合。应用软件 SPSS v.18.0（SPSS Inc.，USA）进行统计分析。各个组平均值差异采用 Duncan's 多重极差检验进行多重比较，当 $P<0.05$ 时认为组间存在显著差异。

第二节　斩拌和打浆对不同食盐添加量肉糜特性的影响

一、色差

表 3-1 给出了不同食盐添加量及使用斩拌或打浆工艺的肉糜和蒸煮肉糜的色差变化数值。食盐添加量和乳化工艺显著地影响肉糜和蒸煮肉糜的 L^*值、a^*值和 b^*值。在所有处理组中，L^*值随着食盐添加量的增加而提高（$P<0.05$），而 a^*值随着食盐添加量的增加而降低（$P<0.05$）。同时，斩拌和打浆工艺也显著地影响肉糜和蒸煮肉糜的色差。与斩拌工艺相比，打浆工艺能够提高肉糜和蒸煮肉糜的 L^*值，降低 a^*值（$P<0.05$）。T4 处理组中肉糜和蒸煮肉糜有最高的 L^*值和最低的 a^*值。T2 处理组的 L^*值与 T3 和 C4 近似，且高于 C2 和 C3。此外，乳化肉糜的色差与脂肪颗粒大小的分布及蛋白质和蛋白质之间的作用有关。

表 3-1　不同食盐添加量和乳化工艺肉糜和蒸煮肉糜的色差（L^*，a^*，b^*）

样品名称	肉糜			蒸煮肉糜		
	L^*值	a^*值	b^*值	L^*值	a^*值	b^*值
C1	65.87 ± 0.98^d	13.73 ± 0.88^a	9.75 ± 0.77^c	67.07 ± 0.57^c	6.31 ± 0.53^a	8.84 ± 0.35^d
C2	65.31 ± 1.56^d	12.12 ± 0.40^b	11.02 ± 0.13^c	67.70 ± 0.52^c	6.84 ± 0.23^a	8.22 ± 0.39^e
C3	66.69 ± 1.01^{cd}	10.71 ± 0.54^c	11.08 ± 0.28^c	67.62 ± 1.03^c	6.43 ± 0.57^a	8.32 ± 0.32^e
C4	68.25 ± 1.32^b	10.07 ± 0.66^c	12.45 ± 0.17^a	69.95 ± 0.18^b	5.74 ± 0.21^c	8.27 ± 0.19^e

续表

样品名称	肉糜			蒸煮肉糜		
	L^*值	a^*值	b^*值	L^*值	a^*值	b^*值
T1	66.81 ± 0.94^{bc}	12.33 ± 0.76^{b}	11.58 ± 0.53^{bc}	67.16 ± 0.53^{c}	6.13 ± 0.47^{ab}	10.24 ± 0.08^{a}
T2	69.18 ± 0.69^{b}	10.94 ± 0.59^{c}	11.53 ± 0.27^{bc}	69.27 ± 0.18^{b}	4.42 ± 0.36^{d}	9.81 ± 0.28^{b}
T3	68.70 ± 1.75^{b}	10.57 ± 0.16^{c}	11.21 ± 0.32^{c}	69.59 ± 0.18^{ab}	4.32 ± 0.21^{d}	9.19 ± 0.22^{c}
T4	70.48 ± 0.92^{a}	10.08 ± 0.74^{c}	11.01 ± 0.35^{c}	70.71 ± 0.28^{a}	3.81 ± 0.14^{e}	8.66 ± 0.14^{d}

注：a～d 不同字母表示纵列存在显著差异（$P<0.05$）。

二、pH

表 3-2 给出了不同食盐添加量及使用斩拌或打浆工艺肉糜的 pH，从表中可以看出 pH 并没有显著的变化（$P>0.05$）。先前有类似的报道，这说明食盐添加量对猪肉香肠的 pH 没有影响。同时，结果表明打浆和斩拌工艺对肉糜的 pH 没有影响。

表 3-2　不同食盐添加量和乳化工艺对肉糜的 pH 和乳化稳定性（TR，WR，FR）的影响

样品名称	pH	乳化稳定性		
		TR（%）	WR（%）	FR（%）
C1	6.32 ± 0.02^{a}	19.21 ± 0.40^{a}	4.46 ± 0.18^{a}	14.75 ± 0.22^{a}
C2	6.30 ± 0.02^{a}	4.89 ± 0.44^{c}	0.65 ± 0.07^{c}	4.24 ± 0.39^{c}
C3	6.29 ± 0.02^{a}	4.00 ± 0.13^{d}	0.54 ± 0.03^{d}	3.46 ± 0.12^{d}
C4	6.29 ± 0.01^{a}	1.97 ± 0.12^{f}	0.27 ± 0.02^{e}	1.70 ± 0.10^{f}
T1	6.29 ± 0.01^{a}	9.66 ± 0.11^{b}	1.14 ± 0.01^{b}	8.52 ± 0.11^{b}
T2	6.30 ± 0.01^{a}	2.34 ± 0.13^{e}	0.28 ± 0.02^{e}	2.06 ± 0.11^{e}
T3	6.30 ± 0.01^{a}	2.23 ± 0.07^{e}	0.26 ± 0.01^{e}	1.97 ± 0.06^{e}
T4	6.30 ± 0.01^{a}	1.84 ± 0.04^{g}	0.20 ± 0.01^{f}	1.63 ± 0.03^{f}

注：1. TR：总汁液渗出率；WR：水分渗出率（水分渗出质量与生肉糜质量的百分比）；FR：脂肪渗出率（脂肪渗出质量与生肉糜质量的百分比）。

2. a～f 不同字母表示纵列存在显著差异（$P<0.05$）。

三、乳化稳定性

食盐添加量和乳化工艺显著地(P<0.05)影响肉糜乳化稳定性(表 3-2)。肉糜的乳化稳定性随着食盐添加量的增加而提高。在所有不同食盐添加量的处理组中，添加 3%的食盐具有最好的乳化稳定性，即最低的 TR、WR 和 FR 值，而添加 0.5%的食盐具有最差的乳化稳定性，即最高的 TR、WR 和 FR 值。这也可能与增加食盐添加量可提高肉糜的盐溶性蛋白溶解度有关。Somboonpanyakula 等（2007）报道了食盐含量从 0 g/100 g 增加到 3 g/100 g 后，提高了禽肉肉糜的蒸煮得率，主要原因是食盐含量增加，使更多的盐溶性蛋白溶出。与使用斩拌工艺相比，使用打浆工艺的肉糜在 1.0%和 2.0%食盐添加量的时候具有明显低（P<0.05）的 TR、WR 和 FR 值，这是由不同的加工工艺引起的。

四、盐溶性蛋白质的溶解度

图 3-1 给出了不同食盐添加量和乳化工艺对盐溶性蛋白溶解度影响的结果。斩拌或打浆肉糜的盐溶性蛋白溶解度随着食盐添加量的增加而显著提高(P<0.05)，C4 和 T4 有最高的盐溶性蛋白溶解度值。Gordon 和 Barbut（1992）报道了增加食盐添加量可提高盐溶性蛋白溶解度。Totosaus 和 Perez-Chabela（2009）报道了减少猪肉和牛肉肉糜中食盐添加量，肌原纤维蛋白的提取量和溶解度降低，这个结果也和 Pappa 等（2000）及 Cardoso 等（2010）报道的结果一致。

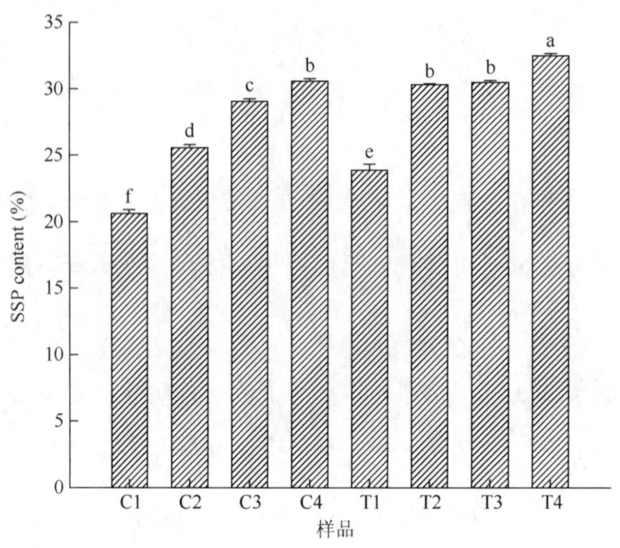

图 3-1 不同食盐添加量和加工工艺肉糜的盐溶性蛋白溶解度

每组数据包含平均值+/–标准差，*n*=4

五、蒸煮得率

在相同食盐添加量下，不同的乳化工艺显著影响盐溶性蛋白溶解度（$P<0.05$），如图 3-1 所示。与斩拌工艺相比，打浆工艺的肉糜有较高的盐溶性蛋白溶解度，因此 T4 有最高的盐溶性蛋白溶解度。T2 的盐溶性蛋白溶解度比 C2 和 C3 高，与 T3 和 C4 相同。斩拌和打浆工艺都能够粉碎肌原纤维和破坏结缔组织，但他们的粉碎和破坏程度及均匀程度不同（见第二章）。斩拌机被描述为一个连续搅拌粉碎反应器，在此过程中，粉碎肌原纤维和破坏结缔组织主要依靠斩刀的高速运转（＞1500 r/min）和斩盘的配合运动产生的剪切力和撕裂力。与之相反，打浆机粉碎肌原纤维和破坏结缔组织主要依靠桨叶的快速（＜200 r/min）运转产生的肉糜与肉糜之间的摩擦力、撕裂力和压溃力，同时肉糜与肉糜之间的运动

速度不同，能够增加肉糜与肉糜之间的摩擦力和撕裂力。另外，使用打浆工艺能够使食盐在肉糜中的分散更均匀，更有利于盐溶性蛋白的溶解和溶胀，由于肌肉蛋白质和食盐中钠离子及氯离子之间的静电作用增强，诱导蛋白质构象发生更多的变化。

从图 3-2 中可以看出，乳化工艺和食盐添加量显著地（$P<0.05$）影响肉糜的蒸煮得率。T4 有最高的蒸煮得率，而 C4、T2 和 T3 有相同的蒸煮得率，且高于 C2 和 C3，这可能是由食盐添加量和盐溶性蛋白溶解度（图 3-1）的不同造成的。Lan 等（1995）报道了盐溶性蛋白浓度显著影响乳化肉制品蒸煮得率。Hsu 和 Yu（1999）也报道了提取更多的盐溶性蛋白能够形成稳定的乳化肉糜体系，增加猪肉贡丸的蒸煮得率。打浆工艺可增加盐溶性蛋白溶出量，能够利用更多的盐溶性蛋白与不溶性肌肉组织形成良好的蛋白质基质。

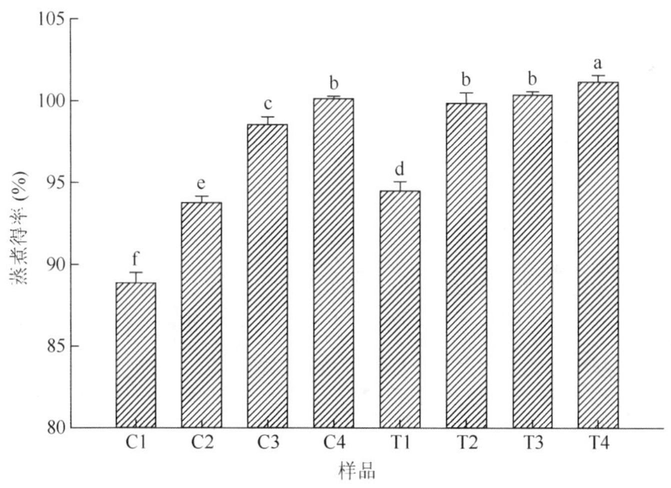

图 3-2　不同食盐添加量和乳化工艺肉糜的蒸煮得率

每组数据包含平均值+/–标准差，$n=4$

六、质构分析

食盐添加量和乳化工艺影响蒸煮肉糜的质构（表 3-3）。使用斩拌工艺的蒸煮肉糜中，增加食盐添加量显著（$P<0.05$）提高蒸煮肉糜的硬度、弹性、内聚性、胶黏性和咀嚼性，C4 有最高的质构参数。乳化肉制品要获得良好的质构，肌原纤维蛋白起着重要作用。Pietrasik 和 Li（2002）报道了在不同食盐添加量的肉糜中，不同比例的盐溶性蛋白在凝胶的形成过程中起着重要作用。减少食盐添加量，将导致肌原纤维蛋白，特别是肌球蛋白和肌动蛋白提取量和溶解量的减少，因此影响肌原纤维蛋白的功能特性。

表 3-3　不同食盐添加量和乳化工艺蒸煮肉糜的质构

样品名称	硬度（N）	弹性	内聚性	胶黏性	咀嚼性（N·mm）
C1	27.05 ± 0.41^{g}	0.752 ± 0.006^{g}	0.425 ± 0.004^{g}	12.21 ± 0.76^{g}	9.62 ± 0.79^{f}
C2	53.37 ± 0.68^{e}	0.869 ± 0.004^{f}	0.673 ± 0.003^{e}	34.20 ± 0.82^{e}	31.73 ± 0.37^{d}
C3	57.64 ± 0.57^{d}	0.879 ± 0.002^{e}	0.679 ± 0.004^{d}	36.71 ± 0.40^{d}	32.39 ± 0.31^{c}
C4	60.84 ± 0.44^{c}	0.913 ± 0.002^{b}	0.711 ± 0.002^{c}	42.48 ± 0.85^{c}	39.93 ± 0.24^{b}
T1	44.90 ± 0.80^{f}	0.893 ± 0.003^{d}	0.659 ± 0.003^{f}	28.47 ± 0.90^{f}	25.27 ± 0.96^{e}
T2	65.06 ± 0.55^{b}	0.903 ± 0.002^{c}	0.711 ± 0.002^{c}	45.56 ± 0.52^{a}	41.82 ± 0.48^{a}
T3	65.18 ± 1.08^{b}	0.911 ± 0.003^{b}	0.724 ± 0.005^{b}	44.82 ± 0.48^{ab}	41.51 ± 0.29^{a}
T4	66.94 ± 0.92^{a}	0.921 ± 0.004^{a}	0.734 ± 0.003^{a}	44.58 ± 0.42^{b}	40.98 ± 0.76^{a}

注：a～f 不同字母表示纵列存在显著差异（$P<0.05$）。

在打浆处理组中，质构有随着食盐添加量增加而提高的趋势。然而，T2 和 T3 处理组有相似的质构参数，T2、T3 和 T4 处理组有相似的咀嚼性（*P*＞0.05）。因为 T2、T3 和 T4 处理组有较高的盐溶性蛋白溶解度，有利于形成良好的网络结构和蛋白质基质。在相同食盐浓度下，加工工艺显著地（*P*＜0.05）影响蒸煮肉糜的质构。而且 T2 的质构参数比所有斩拌处理组的都要高，这和 T2 有最高的（除了 C4）盐溶性蛋白溶解度及采用不同的乳化工艺有关。Youssef 和 Barbut（2011）报道了相同的结果：增加肉糜中盐溶性蛋白的含量能够形成较致密的结构，提高肉制品的硬度、咀嚼性和胶黏性。虽然 T2、T3 和 C4 有相同的盐溶性蛋白溶解度，但 T2 和 T3 有较好的质构，这和打浆工艺能够引起更多的蛋白质变性有很大关系（见第二章）。T2 和 T3 的硬度比 C4 高，表明蒸煮肉糜有较好的质构。在加工过程中，打浆工艺能够形成比斩拌工艺更好的蛋白质基质和凝胶结构。

七、流变

不同的食盐添加量（1%和 2%）和乳化工艺显著影响肉糜在加热过程中 *G'*的变化（图 3-3）。C2 和 C3 有相似的流变曲线，由蛋白质变性引起的 *G'*的变化分为三个阶段。在第一个阶段中，*G'*随着温度的增加，从 43℃到 53℃缓慢增加，这是因为在此阶段蛋白质与蛋白质的交联刚刚开始，仅形成较弱的凝胶结构。这一阶段结束后，立即进入第二阶段，即温度从 54℃增加到 58℃，由于肌球蛋白尾部的变性破坏了先前形成的凝胶结构，造成了 *G'*的快速下降。最后进入第三阶段，*G'*随着温度的升高快速增加，从 59℃到 80℃，肉糜从黏稠的溶胶结构转变为富有弹性的凝胶网络。从 20℃加热到 80℃的过程中，C3 有比 C2 高的 *G'*。

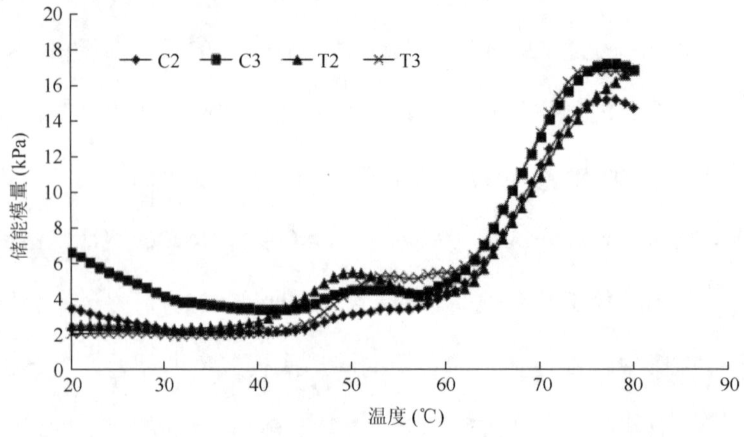

图 3-3 不同食盐添加量和乳化工艺肉糜的储能模量（G'）变化曲线

T2 和 T3 在加热的过程中流变曲线也产生三个阶段。在第一个阶段中，G'随着温度的增加，从 20℃到 32℃缓慢减小，主要原因是打浆工艺诱导大量的肌原纤维蛋白溶解和溶胀，在加热过程中解折叠，当肌原纤维蛋白开始解折叠时，G'逐渐下降。在第二阶段，T2 的 G'随着温度的升高，从 33℃缓慢增加到 50℃，而 T3 的 G'也随着温度的升高，从 33℃缓慢增加到 54℃。在打浆加工肉糜中，添加 2%的食盐热处理过程增加了蛋白质与蛋白质之间的相互作用和凝胶强度。这一阶段结束后，立即进入第三阶段，在 T2 中，从 50℃加热到 58℃时，G'缓慢下降，加热到 58℃后，G'快速升高；在 T3 中，从 55℃加热到 57℃时，G'也缓慢下降，加热到 58℃后，G'快速升高。

tanδ 表示了肌肉或肉糜在热处理形成蛋白质凝胶过程中，产生的“黏性”与“弹性”的比值。较小的 tanδ 表示肉和肉制品具有更好的弹性。图 3-4 给出了肉糜在从 20℃到 80℃加热的过程中 tanδ 的变化曲线。C2 和 C3 或 T2 和 T3 有相似的加热变化曲线。在 33℃加热到 44℃时，C2 和 C3 处理组的 tanδ 缓慢增加；在 45℃到 48℃时，tanδ 缓慢下降；从 49℃到 52℃，

tanδ 缓慢增加；而从 53℃到 80℃，tanδ 快速下降。在使用打浆工艺的处理组中，T2 和 T3 随着温度增加到 49℃时 tanδ 快速下降；从 50℃到 54℃时，tanδ 缓慢增加；从 53℃到 80℃时，tanδ 快速下降。斩拌和打浆工艺肉糜的 tanδ 加热变化曲线有显著的不同，主要是由乳化工艺的不同引起的，打浆工艺能够引起更多的蛋白质发生变性（见第二章）。这些结果表明，打浆工艺能够减少肌球蛋白尾部变性对已形成凝胶结构的破坏。

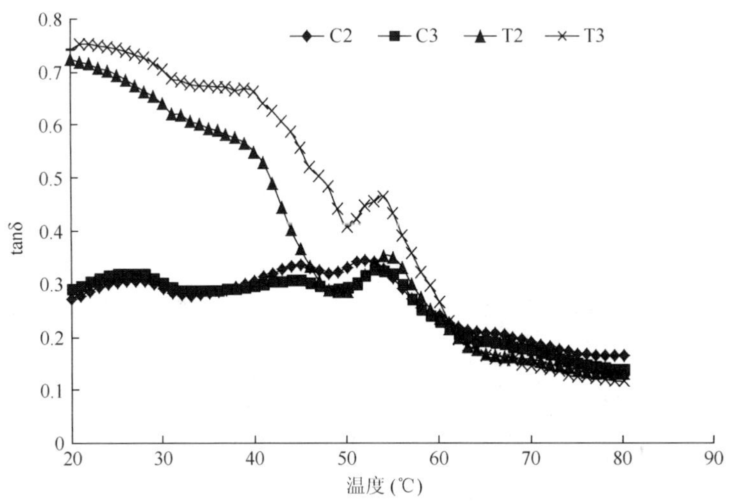

图 3-4　不同食盐添加量和加工工艺肉糜的损耗相位角（tanδ）的变化曲线

八、扫描电镜分析

1. 生肉糜扫描电镜分析

肉糜的扫描电镜图片显示了不同食盐添加量（1%和 2%）和加工工艺对微观结构的影响（图 3-5）。生肉糜 C2 有一个粗糙、松散的微观结构，并且有少量的肌原纤维存在［图 3-5（a)］，这是由斩拌对肌原纤维破坏程度低，盐溶性蛋白溶解不充分造成的（图 3-1）。C3（2%食盐）的生肉糜微观结构显示，C3 有一个紧密和细腻的结构［图 3-5（b）］，这说明肌原纤维蛋白的溶解度对乳化肉制品的质构和保水能力具有重要的作用。食盐能够改变肌原纤维蛋白的结构，增加疏水作用力，提高保水能力，也可增加蛋白质与蛋白质之间的相互作用及肉糜的黏弹性。而且，食盐有利于提高脂肪颗粒在肉糜中的稳定性。T2 和 T3 有相同的结构，比 C3 更致密、均匀［图 3-5（c）和（d）］。分析以上生肉糜微观结构可以得到，T2 和 T3 的脂肪颗粒显著大于 C2 和 C3。这些显著的差异说明了斩拌和打浆工艺对肉糜微观结构有不同的影响。

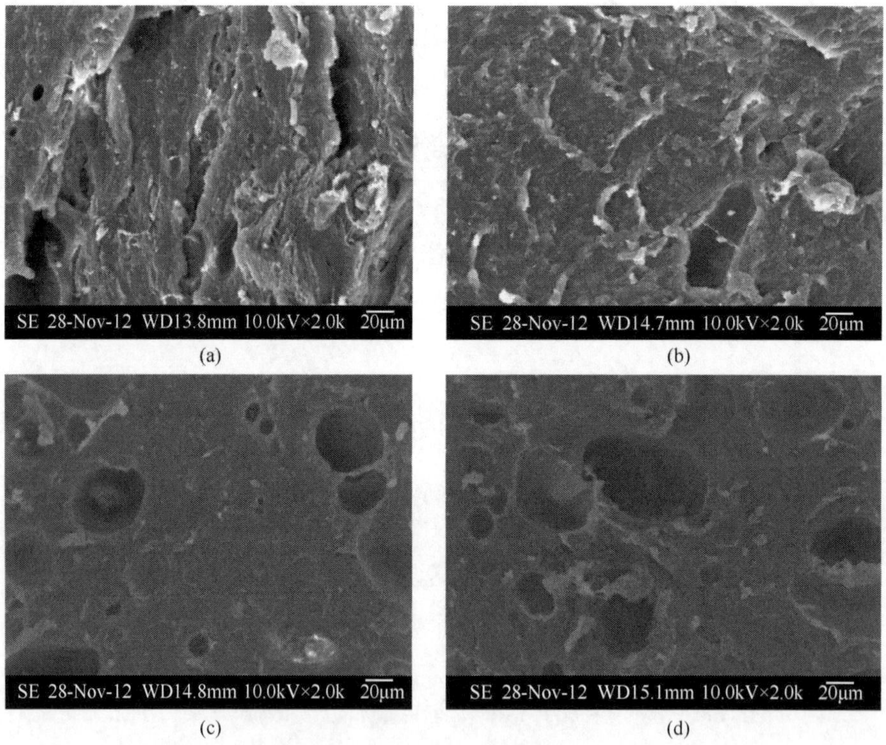

图 3-5　不同食盐添加量和乳化工艺肉糜的扫描电镜图

（a）C2；（b）C3；（c）T2；（d）T3

2. 蒸煮肉糜扫描电镜分析

蒸煮肉糜的扫描电镜图片显示了不同食盐添加量（1%和 2%）和乳化工艺对蒸煮肉糜结构和特性的影响（图 3-6）。C2 由于有较低的盐溶性蛋白溶出量，蛋白质基质显得不连续、无规则，失去了乳化肉制品应有的蜂窝状结构。而在高盐（2%）处理组 C3 中，显示出乳化肉制品典型的蜂窝状特征，有一定数量的空洞。与斩拌工艺不同，使用打浆工艺的蒸煮肉糜（T2 和 T3），无论是低盐还是高盐，都能形成均匀、致密的凝胶网络结构。T2 和 T3 具有蜂窝状结构，形成更多均匀的小空洞，明显与 C3 的结构不同。

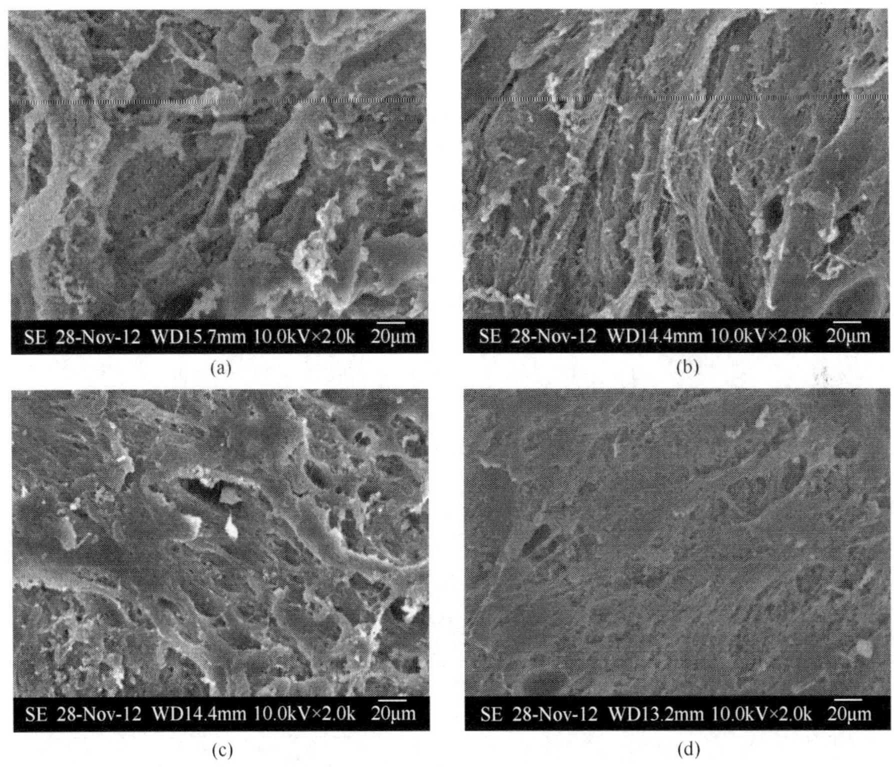

图 3-6 不同食盐添加量和乳化工艺蒸煮肉糜的扫描电镜图

（a）C2；（b）C3；（c）T2；（d）T3

这些微观结构的差异是由不同的加工方法造成的，如产生不同大小的脂肪颗粒。A'lvarez 等（2007）报道了若要减少脂肪颗粒的大小，增加脂肪球的表面积，需要更多的盐溶性蛋白包裹在脂肪球周围，因此减少肉糜蛋白质基质中盐溶性蛋白的含量，可降低保水能力和形成较软的质构。由图 3-5 可看出，因为斩拌对脂肪有破碎作用，斩拌肉糜有较小的脂肪颗粒，而打浆对脂肪有较小的破碎作用，肉糜中含有较大的脂肪颗粒。

九、拉曼光谱分析

1. 生肉糜二级结构分析

不同食盐添加量和乳化工艺对肉糜蛋白质二级结构的影响如表 3-4 所示，在食盐添加量不同的处理组中，食盐添加量对 α-螺旋的含量没有显著的（$P>0.05$）影响，但随着食盐添加量的增加，α-螺旋的含量有下降的趋势。在斩拌肉糜中，β-折叠的含量随着食盐添加量的增加而增加（$P<0.05$），特别是 C4，增加得比较显著。这和 Perisic 等（2013）报道得一致，增加食盐浓度，猪肉蛋白质中 β-折叠含量增加。而在打浆处理组中，β-折叠没有显著的（$P>0.05$）变化。乳化工艺对肉糜中蛋白质的二级结构，如 α-螺旋、β-折叠、β-转角和无规则卷曲的含量有显著的（$P<0.05$）影响。与斩拌工艺相比，打浆处理组肉糜中 α-螺旋含量降低，而 β-折叠、β-转角和无规则卷曲的含量显著（$P<0.05$）升高。

表 3-4　不同食盐添加量和乳化工艺肉糜中蛋白质二级结构（α-螺旋，β-折叠，β-转角，无规则卷曲）质量分数的变化

样品名称	α-螺旋（%）	β-折叠（%）	β-转角（%）	无规则卷曲（%）
C1	77.34 ± 3.26^{a}	2.51 ± 2.50^{cd}	11.73 ± 0.51^{bc}	8.92 ± 0.20^{c}
C2	69.84 ± 3.24^{ab}	8.26 ± 2.48^{b}	12.91 ± 0.51^{b}	9.38 ± 0.20^{b}

续表

样品名称	α-螺旋（%）	β-折叠（%）	β-转角（%）	无规则卷曲（%）
C3	75.47 ± 1.08^{a}	3.94 ± 4.98^{bc}	12.02 ± 1.02^{bc}	9.03 ± 0.40^{bc}
C4	68.59 ± 6.50^{ab}	9.21 ± 0.83^{b}	13.10 ± 0.17^{ab}	9.45 ± 0.07^{b}
T1	64.21 ± 6.50^{c}	12.57 ± 4.98^{a}	13.79 ± 1.02^{a}	9.72 ± 0.40^{a}
T2	62.35 ± 0.00^{c}	13.99 ± 0.00^{a}	14.08 ± 0.00^{a}	9.84 ± 0.00^{a}
T3	66.08 ± 8.59^{bc}	11.13 ± 6.58^{ab}	13.49 ± 1.35^{a}	9.61 ± 0.52^{ab}
T4	59.50 ± 5.72^{cd}	16.18 ± 4.39^{a}	14.53 ± 0.90^{a}	10.01 ± 0.35^{a}

注：a～d 不同字母表示纵列存在显著差异（$P<0.05$）。

2. 蒸煮肉糜二级结构分析

不同食盐添加量和乳化工艺对蒸煮肉糜蛋白质二级结构的影响如表 3-5 所示，使用相同的乳化工艺，食盐添加量对蛋白质二级结构，如 α-螺旋、β-折叠、β-转角和无规则卷曲的含量没有影响（$P>0.05$）。热处理是蛋白质形成热诱导凝胶的重要加工方法，主要是诱导肌肉蛋白质变性和聚集形成凝胶。随着温度升高，α-螺旋含量降低，β-折叠增加。热处理能够诱导猪肌球蛋白中 α-螺旋结构解折叠，形成 β-折叠结构。不同的乳化工艺显著地（$P<0.05$）影响 α-螺旋和 β-折叠的含量。与斩拌处理组相比，打浆处理组蛋白质二级结构中 α-螺旋含量比较低，β-折叠含量较高，而 β-转角和无规则卷曲的含量，除了 C2，其他组分没有显著变化（$P>0.05$）。

表 3-5　不同食盐添加量和乳化工艺蒸煮肉糜中蛋白质二级结构（α-螺旋，β-折叠，β-转角，无规则卷曲）质量分数的变化

样品名称	α-螺旋（%）	β-折叠（%）	β-转角（%）	无规则卷曲（%）
C1	58.99 ± 4.09^{a}	16.56 ± 3.13^{b}	14.60 ± 0.64^{ab}	10.04 ± 0.25^{ab}
C2	63.21 ± 5.83^{a}	13.33 ± 4.47^{bc}	13.94 ± 0.91^{ab}	9.78 ± 0.36^{ab}
C3	56.72 ± 5.63^{a}	18.31 ± 4.31^{b}	14.96 ± 0.88^{ab}	10.18 ± 0.34^{ab}

续表

样品名称	α-螺旋（%）	β-折叠（%）	β-转角（%）	无规则卷曲（%）
C4	59.46±4.77[a]	16.21±3.65[b]	14.53±0.75[ab]	10.01±0.29[ab]
T1	53.97±2.37[bc]	20.42±1.82[a]	15.39±0.37[a]	10.35±0.15[a]
T2	54.84±3.23[b]	19.75±2.48[a]	15.26±0.51[a]	10.30±0.20[a]
T3	52.05±1.65[c]	21.89±1.27[a]	15.69±0.26[a]	10.47±0.10[a]
T4	54.84±3.24[b]	19.75±2.48[a]	15.26±0.51[a]	10.30±0.20[a]

注：a～c 不同字母表示纵列存在显著差异（$P<0.05$）。

十、感官评定

感官评定结果表明不同食盐添加量和乳化工艺影响蒸煮肉糜的感官评定分值（表 3-6）。消费者喜欢色泽较亮的蒸煮肉糜。在本实验中，C1，C2 和 T1 在色泽方面有较低的分值，这是由于它们有非常低的乳化稳定性，在热处理过程中水分和脂肪的流失量比较大，造成了苍白的色泽和较差的质构。多汁性的分值和色泽的分值有相似的变化趋势，均随着食盐添加量的减少而变小，多汁性与肉糜的乳化稳定性有密切的联系。低盐处理组 T2 与 C4 和 T3 有相似的盐溶性蛋白溶解度，它们的色泽和多汁性评定的分值也相似，表明肉糜中盐溶性蛋白溶解度对蒸煮肉糜的感官分值有重要的影响。

表 3-6　不同食盐添加量和乳化工艺蒸煮肉糜的感官评定结果

样品名称	表观	硬度	弹性	多汁性	整体接受度
C1	5.13±0.25[c]	3.88±0.31[f]	4.43±0.36[f]	4.30±0.52[e]	4.38±0.39[f]
C2	6.13±0.26[b]	5.20±0.33[d]	5.85±0.32[d]	6.40±0.31[c]	5.65±0.28[d]
C3	6.75±0.17[a]	6.16±0.34[c]	6.61±0.26[c]	6.78±0.18[b]	6.60±0.29[bc]
C4	6.73±0.21[a]	6.78±0.27[a]	6.84±0.18[b]	6.90±0.25[a]	6.49±0.20[c]

续表

样品名称	表观	硬度	弹性	多汁性	整体接受度
T1	6.07±0.29[b]	4.89±0.26[e]	5.26±0.2[e]	5.13±0.38[d]	5.30±0.44[e]
T2	6.66±0.36[a]	6.75±0.25[a]	6.89±0.22[ab]	6.97±0.18[a]	6.98±0.26[a]
T3	6.75±0.32[a]	6.84±0.24[a]	6.92±0.22[ab]	7.00±0.16[a]	7.05±0.30[a]
T4	6.75±0.26[a]	6.52±0.23[b]	7.03±0.17[a]	6.63±0.25[b]	6.72±0.26[b]

注：a～f 不同字母表示纵列存在显著差异（$P<0.05$）。

Hsu 和 Chung（2000）报道了质构是贡丸最重要的品质，消费者喜欢较硬和弹性十足的产品。由于高盐处理组 T4 有橡胶样的凝胶结构，其有比 C3、C4、T2 和 T3 低的硬度评价分值。这个结果与 Hsu 和 Yu（2002）及 Hsu 及 Sun（2006）报道得一致，硬度过大对乳化肉制品的感官质量有负面的影响。弹性的分值和机械测定的蒸煮肉糜质构值一致，说明消费者喜欢弹性十足和硬度适中的蒸煮肉糜。品尝者发现 3%食盐添加量的蒸煮肉糜过咸，因此 C4 和 T4 有较低的整体接受性分值。由于所有处理组中含有 3%的白砂糖，因此，低盐（1%）打浆蒸煮肉糜 T2 和高盐（2%）打浆蒸煮肉糜 T3 有相同的整体接受性分值。这个结果与 Hsu 和 Chung（2000）报道的结构相同，贡丸中 3%～5%的白砂糖添加量能够给消费者最好的风味。在所有的样品中，T2 和 T3 有最高的整体接受性分值，这和它们有比较适宜的色泽、质构、多汁性和风味有关。因此，使用打浆工艺能够生产低盐（1%）、高品质的蒸煮肉糜。

第三节　结 果 讨 论

不同食盐添加量和乳化工艺显著地影响肉糜和蒸煮肉糜的品质特性

（除了 pH）。增加食盐含量，可提高肉糜和蒸煮肉糜的 L^*值、蒸煮得率、盐溶性蛋白溶解度、质构特性和乳化稳定性等。因为增加肉糜中食盐含量，可使离子强度增加，肌球蛋白的等电点降低，且带有更多的静电荷，引起了更多肌原纤维蛋白的解离和溶胀。乳化肉制品的色泽受多方面因素的影响，如肌肉色素、蛋白质结构和变性程度，也受其他因素的影响，如脂肪和水分含量、脂肪颗粒的大小和切面的均匀程度等。增加食盐含量，能够提高肉糜的盐溶性蛋白溶解度和乳化稳定性，增加蒸煮得率，增加产品中的水分和脂肪含量，同时提高产品的质构特性，影响产品的色泽。Tobin 等（2012）报道了添加 1.5%和 1%食盐的法兰克福香肠的亮度比高盐（2%，2.5%和 3%）香肠要低。不同处理方法对肉糜的色泽也有不同的影响，打浆对肉糜的粉碎度比斩拌要高，加入食盐可以使更多的肌原纤维蛋白溶解和溶出，同时打浆能够诱导更多的肌原纤维蛋白变性，如 β-折叠的增加，并且蛋白质构象的变化也能引起肉糜和蒸煮肉糜色泽的变化。Tobin 等（2012）报道了若肌球蛋白的含量不变，法兰克福香肠的色泽将受脂肪含量、水分添加量和加工工艺及加工条件的影响。C2 和 T2 采用相同的配方，但色差有显著差异，这种差异主要是由不同的乳化工艺和加工条件引起的。采用打浆工艺有较长的加工时间（15 min），而斩拌时间较短（7.5 min），打浆工艺可能引起蛋白质更多的局部变性和肌球蛋白氧化，造成打浆肉制品 L^*值增加，a^*值减小。通过感官评定可知，品尝人员比较喜欢 L^*值较大的蒸煮肉糜，这与 Hsu 和 Chung（2000）及 Hsu 和 Yu（2002）研究的结果一致，即消费者喜欢较亮的产品。

肉糜的乳化稳定性和蒸煮得率有较强的相关性，乳化稳定性越高，产品蒸煮得率越高。并且其与盐溶性蛋白溶解度和凝胶结构也密切相关，增加肉糜中食盐的添加量，可提高盐溶性蛋白溶解度，形成均匀和致密的凝胶结构，有利于水分和脂肪的保持。Schmidt（1984）发现与高盐（2.82%）肉糜相比，减少食盐到 0.58%，热凝胶结构有较大直径的毛细管通道，乳化稳定性下降，蒸煮得率降低。Tobin 等（2013）也报道了食盐含量从 0.8%增加到 2.4%时，能够增加猪肉早餐肠的蒸煮得率和保水性能。结果说明降低食盐添加量后，会降低肉糜中离子的强度，也降低了盐溶性蛋白的溶解度和保水性。不同的乳化工艺对肉糜的乳化稳定性和蒸煮得率有很大的影响。打浆对肌肉的肌原纤维、肌束膜、肌内膜等组织破坏程度大，加入食盐有利于盐溶性蛋白的溶解和溶出，相对较长的处理时间也有利于食盐的分散和溶解，提高盐溶性蛋白的溶解度。由扫描电镜图可以看出打浆肉糜具有致密的蛋白质基质和较大的脂肪颗粒，蒸煮肉糜具有均匀的“蜂窝状”结构，每个孔洞的直径较小，即具有较小直径的毛细管通道，有利于水分和脂肪的保持。Sikes 等（2009）报道了相同的结果，使用高静压作用于乳化肉糜，有利于增加肌肉蛋白的溶解度，能够提高肌原纤维蛋白的功能特性。

质构是蒸煮肉糜的核心品质，消费者比较喜欢硬度适中和弹性十足的产品，因此，硬度和弹性构成了蒸煮肉糜品质特性的主体。在乳化肉制品加工过程中，食盐的添加是非常必要的，食盐能够引起肌原纤维蛋白溶解和溶胀，解聚肌丝和解离肌动球蛋白。因此，增加食盐含量，可提高蒸煮肉糜的质构。Tobin 等（2012）报道了相同的结果，减少食盐含量使法兰克福香肠的质构变差。Verma 等（2010）也报道了一些特殊的肌肉盐溶性蛋白，在加热的过程中能够增强多肽链中位点的结合，形成稳定、富有弹性和组织严密均匀的凝胶基质。采用打浆工艺也能改善蒸煮肉糜的质构，较好地粉碎和混合、乳化，提高了肌原纤维蛋白的溶解度，改变蛋白质构象，如 α-螺旋结构的展开和 β-折叠的形成，微环境变化对各种氨基酸残基的影响等，有利于蛋白质与蛋白质之间、蛋白质与脂肪之间和蛋白质与水分之间的交联作用，形成均匀致密的凝胶结构和直径较小的毛细管通道。打浆对乳化肉糜体系中蛋白质基质也有所改善，桨叶带动肉糜顺着一个方向运动，有利于溶胀的胶原蛋白之间互相交联，加热后能提高肌原纤维蛋白凝胶的结构。Hermansson 等（1986）及 Gordon 和 Barbut（1992）报道了乳化肉糜的稳定性和质构是由界面膜蛋白和蛋白质基质共同作用的，因此，T2 和 T3 处理组形成的蛋白质基质比 C4 要好。C1 和 T1 处理组有较差的质构，因为他们有低的盐溶性蛋白溶解度，数量较少的盐溶性蛋白仅仅能够形成较薄的和脆弱的界面蛋白膜和结构粗糙及松散的蛋白质基质。

食盐含量对肉糜在加热过程中 G'的变化有显著的影响，对肌原纤维蛋白变性温度没有显著的影响，这个趋势和蒸煮肉糜硬度的变化有一定的相关性。在加热后，食盐含量增加，G'变大，蒸煮肉糜的硬度提高。由于高食盐添加量肉糜中蛋白质的聚集和凝聚比较强烈，G'增加或降低的变化也比较剧烈。Egelandsdal 等（1995）报道了无论在低温或高温下，食盐浓度对 G'都有很大影响。采用打浆工艺时肉糜的流变曲线与斩拌工艺有显著区别，G'从 20℃就开始发生变化，这种现象和第一章的研究结果一致，主要是打浆引起蛋白质二级结构和微环境发生变化，加热后破坏了打浆过程中形成的较弱的凝胶结构。由于食盐和打浆处理共同作用于肌原纤维蛋白，共同影响盐溶性蛋白，如肌球蛋白和肌动蛋白，以单体或长丝的结构存在，这些都能够影响加热过程中蛋白质与蛋白质之间的相互作用和凝胶结构。从 33℃加热到 58℃，在肌球蛋白尾部变性时，G'有微弱的下降，说明肌球蛋白尾部的变性对先前形成的凝胶结构破坏性比较弱，打浆工艺能够减小肌球蛋白尾部的变性对先前形成的凝胶结构的破坏作用。$\tan\delta$ 在加热过程中的变化也表明了这一结果。

肉糜和蒸煮肉糜中蛋白质二级结构的变化与第二章研究结果一致，即打浆处理组中具有较高的 β-折叠、β-转角和无规则卷曲含量和低的 α-螺旋含量，这个结果说明打浆工艺能够诱导更多的 α-螺旋解折叠，转化为 β-折叠、β-转角和无规则卷曲。Liu 等（2008）报道了猪肉肌球蛋白 α-螺旋解折叠，形成 β-折叠结构，有利于凝胶的形成。许多学者报道了增加肉制品体系中 β-折叠和 β-转角的含量，能够提高肉制品的弹性、硬度和内聚性。这也可能由于包埋在蛋白质分子周围的基团（如疏水性氨基酸酪氨酸和苯丙氨酸残基）在打浆工艺过程中更多地暴露在水相环境中。β-折叠结构是蛋白质集聚和形成凝胶的基础物质。在本章中，与斩拌工艺相比，使用打浆工艺的蒸煮肉糜具有较好的质构，并在 80℃时，G'有较高的值。这和 Liu 等（2010）报道的结果一致，高 β-折叠和 β-转角含量的鱼肉肌球蛋白在 90℃时有较高的 G'值。Herrero 等（2011）报道了增加肉糜中 β-折叠和 β-转角结构的含量，能够提高产品的硬度、弹性和内聚性。总而言之，使用打浆工艺的蒸煮肉糜比斩拌蒸煮肉糜有更好的质构。

| 第四章 | 打浆对低盐低脂猪肉肉糜品质特性的影响

芝麻油拥有独特的风味，其在亚洲和欧洲的很多国家和地区作为一种健康的食用油被广泛用于家庭和工厂。芝麻油含有很高的不饱和脂肪酸、丰富的芝麻酚和 α-生育酚。不饱和脂肪酸的主要成分为 43%的油酸和亚油酸、9%棕榈脂肪酸和 4%的硬脂酸。摄入一定量的芝麻油能够减少患有高血压和心血管疾病的风险，防止小肠梗堵、氯氰菊酯诱导性脑中毒，以及具有使 2 型糖尿病好转和减少儿童咳嗽等功效。另外，芝麻油也有一定的保健功能，具有抗癌、消炎和抗菌等功能。

全球食品的发展趋势是不添加或尽量少添加人工合成食品添加剂，在肉制品中使用天然抗氧化剂便引起了人们很大的关注。芝麻油虽然含有大量的不饱和脂肪酸，但与其他植物油相比，仍然有较高的抗氧化活性。含量丰富的芝麻酚和 α-生育酚是芝麻油中抗氧化的主要物质，他们的协作效应也能够提高芝麻油的抗氧化活性。根据 Bozkurt（2007）的报道，芝麻油在土耳其干香肠制作过程中的抗氧化活性高于人工抗氧化剂二丁基羟基甲苯（BHT）。Mohdaly 等（2011）也报道了芝麻油饼提取物在葵花籽油和大豆油中的抗氧化活性高于 BHT 和叔丁基羟基茴香醚（BHA）。在其他的一些研究中，芝麻油作为抗氧化剂被用在植物油、烘焙食品、保健品等食品中。但很少有报道芝麻油作为抗氧化剂用于乳化肉制品中。

传统乳化肉制品属于高盐（＞2%）、高脂肪（＞25%）、高能量肉制品，过多食用容易引起高血压和心血管疾病及一些癌症。为了减少乳化肉制品中食盐和脂肪的含量，很多学者做了大量的研究，例如，使用食品胶体和氯化钾、氯化钙等，添加不同的植物油、大米纤维、非肉蛋白和低聚木糖等。综合以上各种方法，在乳化肉制品中替代动物脂肪较好的方法是使用预乳化的技术，即使用植物蛋白替代动物蛋白包裹在脂肪球周围。许多学者报道了在乳化肉制品中使用预乳化植物油替代猪背膘，如预乳化橄榄油、菜籽油等，取得了很好的效果。本章实验的目的是通过分析使用打浆工艺和预乳化芝麻油替代猪背膘对肉糜的理化性质、感官性质和抗氧化活性的影响，评价预乳化芝麻油替代猪背膘生产低脂、低盐肉糜的可行性。

第一节　实验材料与方法概论

一、实验材料

冷却 24 h 的猪后腿肉（71.18%水分，20.47%蛋白质，7.14%脂肪；pH 5.78）、猪背膘（8.30%水分，1.68%蛋白质，89.82%脂肪），购买于南京苜蓿园大街菜市场；芝麻油（嘉里粮油有限公司，中国），购于南京；大豆分离蛋白（91.5%蛋白质），购于临沂山松生物制品有限公司（中国）。剔除猪肉中结缔组织和多余的脂肪，使用绞肉机分别绞碎（6 mm），用双层真空包装袋（尼龙/PE）进行分装，每袋 1000 g，真空包装，储存于–20℃直到加工，不得超过 2 周。使用前在 0～4℃冷库中解冻约 12 h 至中心温度为 0℃左右。猪背膘要求使用新鲜的。

二、仪器与试剂

MC-6 打浆机（山东嘉信食品机械有限公司）；Hanna pH 计（意大利）；T25 高速匀浆器（德国 IKA 公司）；Stephan UMC-5C 斩拌机（德国）；Shimadzu AUY120 电子天平（日本岛津公司）；CR-40 色差计（日本美能达公司）；离心机（美国 Beckman L-80-XP Ultracentrifuge）；HH-42 水浴锅（常州国华电器有限公司）；全自动凯氏定氮仪（Kjeletc^{TR} 2003，丹麦）；匀浆机（美国 Omnimixer，Omni International，INC）；UV-2450 紫外分光光度计（日本岛津公司）；绞肉机（山东嘉信食品机械有限公司）；消化炉（丹麦 MOSS 公司）。

三、方法

1. 准备预乳化芝麻油

预乳化芝麻油的制备按照 Hoogenkamp（1989）的方法。大豆分离蛋白、芝麻油和水的比例为 1∶16∶16。将大豆分离蛋白均匀缓慢地加入温度为 60～65℃的水中，使用匀浆机 3000 r/min 匀浆 2～3 min，大豆分离蛋白分散均匀，无结块和颗粒。放入 2～4℃的冷库中，冷却到中心温度 5℃左右（5～6 h）。将冷却后的混合物放入预冷的斩拌机（2℃）中。高速（3000 r/min）斩拌 1 min 后，缓慢连续地加入芝麻油。低速（1500 r/min）斩拌 3 min，芝麻油混合均匀后，装入双层塑料袋（尼龙/PE）中放在 2～4℃的冷库中过夜待用。

2. 制备肉糜

肉糜配方如表 4-1 所示。冻肉过夜解冻到中心无硬块，将解冻好的猪肉、食盐、三聚磷酸钠放入打浆机中，快速（200 r/min）打浆 10 min；再加入白砂糖、白胡椒粉、猪背膘、预乳化芝麻油（或猪背膘和预乳化芝麻油的混合物），快速（200 r/min）打浆 5 min（中心温度低于 10℃）。将肉糜做成直径为 30 mm 的肉丸，80℃水浴加热 20 min（中心温度 72℃）。冷却（中心温度 20℃）后使用双层包装袋（尼龙/PE）真空包装，放入–20℃的冷库中储存到感官评定（不超过 2 周）。

表 4-1　添加不同比例的猪背膘和预乳化芝麻油及水分的肉糜配方

样品名称	猪后腿肉	猪背膘	PO	食盐	冰水
C1	1000	250	0	12.5	0
C2	1000	0	0	12.5	250
T1	1000	187.5	62.5	12.5	0
T2	1000	125	125	12.5	0
T3	1000	62.5	187.5	12.5	0
T4	1000	0	250	12.5	0

注：PO：预乳化芝麻油，所有的组分中都添加白砂糖 40 g，三聚磷酸钠 3 g，白胡椒粉 2 g；C1：100%猪背膘；C2：100%水；T1：25%预乳化芝麻油和 75%猪背膘；T2：50%预乳化芝麻油和 50%猪背膘；T3：75%预乳化芝麻油和 25%猪背膘；T4：100%预乳化芝麻油；下同。

3. 化学成分分析

水分和灰分的测定方法按照 AOAC 2000 规定的方法测定；蛋白质含量使用凯氏定氮法测定；总脂肪含量使用索氏抽提法测定。每组样品分析

3次。能量含量以以下数值为基础进行计算：蛋白质17 kJ/g，脂肪37 kJ/g，碳水化合物16 kJ/g。

4. 色差测定

见第三章。

5. 蒸煮损失

见第三章。

6. 质构分析

见第三章。

7. 感官评定

见第三章。

8. TBA测定方法

蒸煮肉糜在90天储存期间的脂肪氧化使用TBA来表示。TBA的测定按照Andres等（2009）的方法进行，每组样品测定3次。结果使用每千克含有丙二醛（malonaldehyde，MDA）的量表示（MDA mg/kg）。

9. 数据分析

本章实验所有处理重复4次，每个重复至少有20个样品。应用软件SPSS v.18.0（SPSS Inc.，USA）进行统计分析，使用单因素方差分析（ANOVA）的方法对数据进行分析，当$P<0.05$时认为组间存在显著差异。

第二节　打浆对低盐低脂肉糜特性的影响

一、蒸煮肉糜化学成分分析结果

添加不同比例的猪背膘和预乳化芝麻油及水分的蒸煮肉糜主成分分析如表 4-2 所示。与水分、蛋白质和碳水化合物相比，单位质量的脂肪有较高的能量值。因此使用水分和预乳化芝麻油替代猪背膘能够降低蒸煮肉糜的能量，即从 1009.39 kJ/100 g 降到 462.11 kJ/100 g。本实验中，不同组分的蒸煮肉糜中水分、脂肪和蛋白质含量有显著的差异（$P<0.05$）。C2 含有最高的水分和最低的能量、脂肪和蛋白质含量，而 C1 有最高的能量和脂肪含量，T4 有最高的蛋白质含量。所有组分的灰分含量没有显著的差异，这与 Paneras 和 Bloukas（1994）报道的使用植物油替代猪背膘生产低脂法兰克福香肠中的灰分含量没有显著差异的结果一致。

表 4-2　添加不同比例的猪背膘和预乳化芝麻油及水分的蒸煮肉糜主成分分析和蒸煮得率

样品名称	能量（kJ/100g）	蛋白质（%）	脂肪（%）	水分（%）	灰分（%）	蒸煮得率（%）
C1	1009.39	14.59 ± 0.21^{e}	19.28 ± 0.05^{a}	59.63 ± 0.42^{f}	1.90 ± 0.02^{b}	99.81 ± 0.51^{a}
C2	462.11	14.50 ± 0.17^{e}	4.53 ± 0.13^{f}	77.31 ± 0.06^{a}	1.91 ± 0.02^{b}	98.50 ± 0.44^{b}
T1	998.71	15.05 ± 0.07^{d}	18.78 ± 0.08^{b}	60.93 ± 0.61^{e}	1.93 ± 0.02^{b}	99.94 ± 0.21^{a}
T2	911.34	15.33 ± 0.06^{c}	16.29 ± 0.09^{c}	62.67 ± 0.26^{d}	1.92 ± 0.02^{b}	99.84 ± 0.19^{a}
T3	861.58	15.45 ± 0.07^{b}	14.89 ± 0.05^{d}	63.38 ± 0.23^{c}	1.93 ± 0.01^{b}	100.08 ± 0.24^{a}
T4	807.00	15.70 ± 0.06^{a}	13.30 ± 0.05^{e}	64.27 ± 0.29^{b}	1.91 ± 0.01^{b}	99.99 ± 0.26^{a}

注：a～f 不同字母表示纵列存在显著差异（$P<0.05$）。

二、色差

表 4-3 给出了添加不同比例的猪背膘和预乳化芝麻油肉糜和蒸煮肉糜的色差变化的结果。添加不同比例的猪背膘和预乳化芝麻油的肉糜和蒸煮肉糜的 L^*值、a^*值和 b^*值有显著的变化（$P<0.05$）。与添加 100%猪背膘相比，添加不同比例的预乳化芝麻油能够增加肉糜的 L^*值。使用水全部替代猪背膘的组分（C2）有最低的 L^*值，这可能因为增加配方中的水分含量，可减少肉糜的乳化稳定性，形成粗糙的凝胶结构。在肉糜和蒸煮肉糜中，使用预乳化芝麻油替代 25%的猪背膘的组分（T1）有较高的 L^*值，与之相反的是 a^*值比 C1 的要低。Hsu 和 Yu（2002）发现通过增加水分可减少脂肪含量，降低肉糜的 a^*值和 b^*值。主要原因是在低脂处理组分中，添加水分降低了肌红蛋白的浓度，在预乳化芝麻油中，芝麻油颗粒比脂肪颗粒要小得多，其透光度要高。添加预乳化芝麻油组分的 b^*值比 C1 低。在低脂法兰克福香肠中，使用预乳化橄榄油替代猪背膘，b^*值比对照组要低。

表 4-3　添加不同比例的猪背膘和预乳化芝麻油及水分的肉糜和蒸煮肉糜的色差（L^*，a^*，b^*）

样品名称	肉糜			蒸煮肉糜		
	L^*值	a^*值	b^*值	L^*值	a^*值	b^*值
C1	57.83 ± 1.79^c	13.24 ± 0.82^a	7.74 ± 0.55^c	68.63 ± 0.98^c	4.64 ± 0.48^a	8.22 ± 0.39^c
C2	53.99 ± 2.11^d	10.09 ± 0.81^c	10.44 ± 0.78^b	66.86 ± 0.82^d	3.03 ± 0.81^c	9.11 ± 0.24^a
T1	66.39 ± 1.76^b	12.69 ± 0.91^a	10.68 ± 0.43^b	70.27 ± 1.21^b	4.52 ± 0.79^a	8.00 ± 0.23^c

续表

样品名称	肉糜			蒸煮肉糜		
	L^*值	a^*值	b^*值	L^*值	a^*值	b^*值
T2	70.12 ± 1.02^a	11.47 ± 0.90^b	11.18 ± 0.45^a	72.54 ± 0.56^a	3.69 ± 0.36^b	8.67 ± 0.24^b
T3	70.72 ± 0.57^a	11.84 ± 0.70^b	11.60 ± 0.33^a	72.54 ± 1.01^a	3.54 ± 0.22^b	8.77 ± 0.38^b
T4	70.54 ± 0.62^a	10.76 ± 0.46^c	11.46 ± 0.32^a	73.67 ± 0.84^a	3.28 ± 0.37^c	8.94 ± 0.23^a

注：a～d 不同字母表示纵列存在显著差异（$P<0.05$）。

三、蒸煮得率

添加不同比例的猪背膘和预乳化芝麻油对肉糜的蒸煮得率没有显著（$P>0.05$）的影响（表 4-2），表明添加预乳化芝麻油的肉糜和 C1 有相同的保水保油能力和良好的热稳定性。当大豆分离蛋白作为乳化剂对芝麻油进行乳化时，有利于固定脂肪颗粒和减少蒸煮损失。由于本实验中蒸煮肉糜和法兰克福香肠使用不同的加工工艺，Su 等（2000）报道了不同的结果，即使用预乳化脂肪替代猪背膘，可使低脂香肠的蒸煮得率增加。在本实验中，使用水替代脂肪，可降低肉糜的蒸煮得率。Hsu 和 Yu（1999）发现增加水分的添加量，会降低肉糜的蒸煮得率和蛋白质含量。这是因为高水分含量将降低肉糜的乳化稳定性和保水性。Hsu 和 Yu（2002）也报道了添加 10%的水后超过了肉糜在加热形成贡丸过程中的保水能力。

四、质构分析

不同的配方对蒸煮肉糜质构的影响如表 4-4 所示。C1 和 C2 的质构参数有显著差异（$P<0.05$），C2 的所有质构参数比 C1 要低。Hsu 和 Yu（1999）报道了在肉糜中添加 20%的水分替代猪背膘，显著地降低了肉糜的硬度、弹

性、内聚性和咀嚼性，同时 Hsu 和 Yu（2002）也报道使用 10%的水替代全部猪背膘对肉糜的质构没有影响。Claus 等（1989）报道了在波尼亚香肠中添加水分替代脂肪，与高脂肪香肠相比，变得更软。这个结果表明添加 20%的水后超过了肉糜在加热过程中的保水能力。添加预乳化芝麻油替代猪背膘，与 C1 和 C2 相比，有较高的硬度、弹性、内聚性、胶黏性和咀嚼性。Hsu 和 Yu（2002）也报道了使用不同种类的植物油（10%）替代猪背膘（25%），可使肉糜具有较好的质构特性。T2 有最好的质构特性，T1、T3 和 T4 质构相似。这是因为添加预乳化芝麻油有利于减少动物蛋白作为乳化剂用于包裹脂肪颗粒，从而增加动物蛋白在乳化基质中的使用量，因此能够形成良好的肉糜基质和质构特性。与 T2 相比，T3 和 T4 的质构较差，这可能是因为添加超过 50%预乳化芝麻油后，增加了肉糜的水分含量，不利于凝胶结构的形成。以上结果表明，预乳化芝麻油的添加量，是影响肉糜质构的主要因素。

表 4-4　添加不同比例的猪背膘和预乳化芝麻油及水分的蒸煮肉糜的质构

样品名称	硬度（N）	弹性	内聚性	胶黏性（N）	咀嚼性（N·mm）
C1	65.06±0.55[c]	0.903±0.002[c]	0.711±0.002[d]	45.56±0.52[c]	41.82±0.48[b]
C2	58.25±0.75[d]	0.881±0.018[d]	0.685±0.006[e]	38.57±0.63[d]	37.22±1.43[c]
T1	67.61±0.73[b]	0.927±0.003[b]	0.736±0.003[b]	47.86±0.52[b]	44.03±0.89[a]
T2	68.20±1.35[a]	0.933±0.003[a]	0.752±0.003[a]	49.62±0.56[a]	45.58±1.05[a]
T3	67.18±1.08[b]	0.925±0.005[b]	0.728±0.005[b]	49.82±1.58a[b]	45.16±3.14[a]
T4	67.76±1.02[b]	0.925±0.005[b]	0.729±0.005[b]	50.24±3.16[a]	46.34±1.14[a]

注：a～e 不同字母表示纵列存在显著差异（$P<0.05$）。

五、感官评定

表 4-5 给出了添加不同比例的猪背膘和预乳化芝麻油及水分的蒸煮肉糜的感官评定结果。C1 感官评定的分值比 C2 高。Hsu 和 Chung（2000）报

道了使用 20%的水替代肉糜中添加的全部猪背膘，将降低肉糜的色差、味道、风味、质构和整体接受性的分值。而且，Hsu 和 Yu（2002）报道了使用 10%的水替代猪背膘，对感官评定分值没有显著的影响。T1 和 T2 有最高的外观评定分数，表明评定人员喜欢色泽较亮的肉糜。Lopez-Lopez 等（2010）发现与正常猪背膘含量的馅饼相比，使用预乳化橄榄油替代猪背膘的馅饼有较高的外观分值。除了 C2，其他蒸煮肉糜在硬度和弹性方面的分值没有显著的（$P>0.05$）区别，只在机械测定值方面存在显著的区别。添加预乳化芝麻油的量超过 50%后，由于水分含量的升高和脂肪含量的降低，多汁性分值降低。C2 有最低的整体接受性分值，使用水替代脂肪，将显著降低蒸煮肉糜的色泽、弹性、硬度、多汁性和整体接受性，是一种不可行的减少脂肪的方法。而添加预乳化芝麻油的量超过 50%时，整体接受性分值也显著（$P<0.05$）下降。产生这种结果的原因是添加过量的芝麻油，肉糜会产生一种强烈的芝麻油香气，一些评定人员对这种味道不能够接受，所以分值很低。Sowmya 等（2009）报道了在蛋糕中使用芝麻油替代动物脂肪，替代量在 25%～100%，但 100%替代时，由于芝麻油强烈的香气，感官评价分值将减少。

表 4-5　添加不同比例的猪背膘和预乳化芝麻油及水分的蒸煮肉糜的感官评定结果

样品名称	外观	硬度	弹性	多汁性	整体接受性
C1	6.76 ± 0.26^{b}	6.95 ± 0.24^{a}	6.81 ± 0.26^{a}	6.89 ± 0.17^{a}	6.96 ± 0.21^{a}
C2	5.41 ± 0.38^{c}	6.52 ± 0.29^{b}	6.51 ± 0.23^{b}	5.68 ± 0.45^{c}	5.56 ± 0.43^{bc}
T1	6.90 ± 0.16^{a}	6.98 ± 0.17^{a}	6.95 ± 0.21^{a}	6.99 ± 0.23^{a}	6.94 ± 0.52^{a}
T2	7.00 ± 0.22^{a}	6.87 ± 0.22^{a}	6.93 ± 0.21^{a}	6.88 ± 0.26^{a}	6.87 ± 0.84^{ab}

续表

样品名称	外观	硬度	弹性	多汁性	整体接受性
T3	6.73±0.21^{b}	6.85±0.21^{a}	6.98±0.27^{a}	6.58±0.19^{b}	6.26±1.14^{b}
T4	6.85±0.22^{a}	6.91±0.20^{a}	7.02±0.25^{a}	6.61±0.30^{b}	6.20±1.41^{b}

注：a～c 不同字母表示纵列存在显著差异（P<0.05）。

六、抗氧化结果分析

冷藏对不同配方蒸煮肉糜脂质氧化的影响如表 4-6 所示。冷藏能够降低脂质氧化的速度，但不能完全阻止脂质氧化。C1 的 TBA 值随着冷藏时间的增加显著（P<0.05）增加。与 C1 相比，C2 有较低的 TBA 值，且冷藏过程中增加较慢。主要原因是水分替代猪背膘，减少了肉糜中的脂肪含量，造成了肉糜中 TBA 值较小。所有添加预乳化芝麻油肉糜的 TBA 值在冷藏 90 天的过程中都显著（P<0.05）低于 C1。TBA 值随着预乳化芝麻油的增加而减少，说明随着芝麻酚和 α-生育酚含量的增加，抗氧化活性增加。经过 60 天的储存，添加预乳化芝麻油肉糜的 TBA 值没有显著（P>0.05）增加。芝麻酚和 α-生育酚在加热和冷藏过程中缓慢分解，但是芝麻酚的分解速度比 α-生育酚要慢，同时脂溶性自由基在低温下比较稳定，且具有氧化活性，所以添加预乳化芝麻油的肉糜经过 90 天的储存，TBA 值无显著增加，但添加不同量的预乳化芝麻油肉糜之间的 TBA 值也有显著差异，T4 有最低的 TBA 值。

表 4-6　添加不同比例的猪背膘和预乳化芝麻油及水分的蒸煮肉糜的 TBA 值

样品名称	1 天（mg/kg）	30 天（mg/kg）	60 天（mg/kg）	90 天（mg/kg）
C1	0.24±0.01^{aC}	0.26±0.02^{aC}	0.32±0.03^{aB}	0.46±0.03^{aA}
C2	0.17±0.01^{bD}	0.19±0.03^{bC}	0.26±0.02^{bB}	0.31±0.02^{bA}
T1	0.18±0.01^{bC}	0.19±0.02^{bC}	0.23±0.03^{cB}	0.28±0.03^{cA}

续表

样品名称	1天（mg/kg）	30天（mg/kg）	60天（mg/kg）	90天（mg/kg）
T2	0.18±0.02^{bC}	0.18±0.02^{bC}	0.21±0.03^{dB}	0.24±0.03^{dA}
T3	0.17±0.02^{bB}	0.18±0.02^{bB}	0.18±0.02^{eB}	0.20±0.04^{eA}
T4	0.15±0.01^{cB}	0.15±0.02^{cB}	0.16±0.03^{fB}	0.18±0.02^{fA}

注：a～f和A～D不同字母表示纵列和横列存在显著差异（P<0.05）。

第三节 结果讨论

本章主要研究使用打浆工艺和预乳化芝麻油替代猪背膘开发低盐、低脂、低能量肉制品。第二章和第三章中得到使用打浆工艺生产肉糜能够降低肉糜的食盐含量，提高肉糜的品质特性的结论，但全部使用猪背膘的低盐肉糜具有很高的动物脂肪含量和能量。与猪背膘相比，预乳化芝麻油具有较低的油脂含量和能量，同时具有一定的保健功能。使用预乳化芝麻油替代猪背膘能够降低肉糜的脂肪含量和能量，提高水分和蛋白质含量。Ayo等（2008）报道了与全部使用猪背膘的香肠相比，在低脂法兰克福香肠中有高的水分含量和低的脂肪含量。Jimenez-Colmenero等（2010）报道了使用预乳化油全部替代猪背膘，能够降低乳化物的水分、蛋白质、能量和脂肪含量，这可能与猪背膘和乳化物的成分不同有关系。Luruena-Martinez等（2004）发现，在低脂法兰克福香肠中使用乳化橄榄油替代猪背膘能够增加香肠的水分含量。Josquin等（2012）也报道了使用乳化鱼油替代动物脂肪能够增加乳化肉制品中水分和蛋白质的含量，降低脂肪含量。Muguerza等（2001）报道了使用乳化橄榄油部分替代猪背膘能够减少香肠中脂肪和蛋白质含量，并且仅在替代量为25%时，因为使用大豆分离蛋白作为乳化剂，会导致蛋白质含量升高。以上报道和本实验结果一致。添加预乳化芝麻油，减少猪背膘能够降低蒸煮肉糜的脂肪含量和能量值。

预乳化芝麻油具有较高的 L^*值，它替代猪背膘对肉糜和蒸煮肉糜的色泽有一定的影响，例如，能够增加肉糜和蒸煮肉糜的 L^*值和 b^*值，降低 a^*值。Caceres 等（2008）报道了在波尼亚香肠中使用预乳化鱼油替代猪背膘能够增加肉糜的亮度。Youssef 和 Barbut（2011）的报道也得到了相同的结果，在重组牛肉制品中，使用大豆分离蛋白乳化橄榄油替代牛脂肪能够增加产品的 L^*值，降低 a^*值。Bishop 等（1993）报道了在低脂波尼亚香肠中使用预乳化玉米油替代动物脂肪，可增加香肠的 L^*值。Lopez-Lopez 等（2009）发现使用橄榄油替代猪背膘，可使法兰克福香肠 a^*值下降。与添加 2%食盐的蒸煮肉糜相比（第二章），添加预乳化芝麻油的肉糜具有较高的 L^*值，消费者喜爱亮度值较高的肉糜，即添加预乳化芝麻油能够增加品尝者对肉糜色泽的接受度，这和本章感官评定结果一致。

添加预乳化芝麻油对肉糜的蒸煮得率没有影响，因为大豆分离蛋白具有很好的保水保油性能。Hsu 和 Yu（2002）报道了使用 11 种植物油替代猪背膘，贡丸的蒸煮得率差异较小。Jimenez-Colmenero 等（2010）报道了在法兰克福香肠中添加使用大豆分离蛋白乳化的橄榄油替代猪背膘，其蒸煮得率没有显著差异。并且添加预乳化芝麻油能够提高肉糜的质构，增加肉糜的硬度和弹性。Bloukas 等（1997）报道了使用大豆分离蛋白乳化的橄榄油替代动物脂肪，提高了发酵香肠的硬度。Park 等（1989）发现使用高油酸葵花籽油替代牛脂肪，比使用牛脂肪（30%）的法兰克福香肠具有较高的硬度、咀嚼性、内聚性和胶黏性。当使用 50%预乳化芝麻油替代猪背膘时，蒸煮肉糜具有最好的质构特性。Youssef 和 Barbut（2011）报道了类似结果，使用预乳化芥菜籽油替代牛脂肪，可显著地增加产品的硬度值，当预乳化液添加量分别为 10%和 17.5%时，17.5%的组分有较好的质构特性。在一定范围内增加蒸煮肉糜的硬度值，能够提高消费者的接受度，感官评定证明了这个结论。过多地添加预乳化芝麻油会降低蒸煮肉糜的多汁性和整体接受度，添加猪背膘后肉糜具有独特的风味和多汁性。Javidipour 等（2005）报道了脂肪含量在肉制品的多汁性方面有重要的影响，减少脂肪含量会降低肉制品的多汁性，可能由于大豆分离蛋白在加热过程中也能够很好地与肌肉蛋白发生交联，有利于形成良好的凝胶结构，提高保水保油性。

芝麻油含有丰富的芝麻酚和 α-生育酚，两者具有很高的抗氧化活性。添加预乳化芝麻油能够增加蒸煮肉糜的抗氧化活性，延长蒸煮肉糜的货架期。Bozkurt（2007）报道了土耳其干发酵香肠生产过程中，添加芝麻油作为抗氧化剂的组分的 TBA 值比添加 BHT 的要低。Konsoula 和 Liakopoulou- Kyriakide（2010）发现使用芝麻油作为烹炸油时，由于其中含有大量的芝麻酚，能够提高烹炸面团的热稳定性。因此，添加预乳化芝麻油能够增加肉糜在加热成熟和冷藏过程中的氧化稳定性。但是芝麻油具有特殊的香味，过多地添加将影响蒸煮肉糜的风味和整体接受度。蒸煮肉糜的色泽、质构测量结果和感官评定结果表明，适量地（50%）添加预乳化芝麻油有利于提高蒸煮肉糜的 L^*值、硬度和弹性值，且不影响肉糜的品质。与添加 2%食盐的蒸煮肉糜相比（第二章），添加预乳化芝麻油的蒸煮肉糜具有较好的色泽和质构、相同的蒸煮得率、较高的抗氧化活性，同时有较低的食盐和脂肪含量，降低了蒸煮肉糜的能量值。

第五章 打浆对不同比例猪肉和鸡大胸肉低盐肉糜品质特性的影响

乳化肉制品品种丰富，质构和风味多样，区域性显著。区域差异化促进了产品和加工方法的发展。贡丸是中式肉丸的代表品种，使用特殊的加工方法和设备制成，产品显著高于其他乳化肉制品的弹性和硬度。这些特殊的质构特性不仅依赖于加工方法，也受肌原纤维蛋白和肌肉类型的影响。很多文献报道了使用鸡肉替代猪肉对产品的凝胶特性和质构会产生不同的影响。

在乳化肉制品中，肌肉的盐溶性蛋白起着非常重要的作用。肌肉可以分为不同的类型，猪腿肉主要由ⅡB 型肌肉组成，也包含有Ⅰ型和ⅡA 型，而鸡胸肉全部是由白肌组成（ⅡB 型肌肉）。不同类型肌肉的盐溶性蛋白有不同的热诱导凝胶特性。因为鸡肉被认为比猪肉美味、健康和低脂肪含量，全球鸡肉的消费量在逐年增加。另外，与其他肉类相比，鸡肉脂肪中含有较高比例的单不饱和脂肪酸（polyunsaturated fatty acids，PUFA）和多不饱和脂肪酸（mono-unsaturated fatty acids，MUFA）。许多研究表明，较多地摄入猪肉能够增加患高血压和癌症的风险。

乳化肉制品的质构特征一般要求具有较好的硬度、弹性和多汁性。这些特征对贡丸非常重要。为了提高贡丸的质构特性，很多学者使用了多种食品原料，如食品胶体、大米纤维、去骨牛蛙肉和布鲁兰胶等，但消费者对这些原料或多或少不太接受。因此，本章的目的是研究使用打浆工艺和鸡大胸肉部分或全部替代猪后腿肉对贡丸色泽、盐溶性蛋白、乳化稳定性、质构、热流变性和感官等品质特性的影响，降低贡丸中食盐和猪肉的使用量。

第一节　实验材料与方法概论

一、实验材料

冷却 24 h 的猪后腿肉（71.18%水分，20.47%蛋白质，7.14%脂肪；pH 5.78），鸡胸肉（73.89%水分，22.35%蛋白质，2.25%脂肪；pH 5.95），猪背膘（8.30%水分，1.68%蛋白质，89.82%脂肪），购于南京苜蓿园大街菜市场。剔除猪肉和鸡大胸肉中的结缔组织和多余的脂肪，使用绞肉机分别绞碎（6 mm），用双层真空包装袋（PE/尼龙）进行分装，每袋 1000 g，真空包装，储存于–20℃直到加工，不得超过 2 周。使用前在 0～4℃冷库中解冻约 12 h 至中心温度为 0℃左右。猪背膘要求使用新鲜的。

二、仪器与试剂

MC-6 打浆机（山东嘉信食品机械有限公司）；Hanna pH 计（意大利）；T25 高速匀浆器(德国 IKA 公司)；流变仪(Auton Paar Ltd.，奥地利)；UV-2450 紫外分光光度计（日本岛津公司）；Shimadzu AUY120 电子天平（日本岛津公司）；CR-40 色差计（日本美能达公司）；离心机（美国 Beckman L-80-XP Ultracentrifuge）；HH-42 水浴锅（常州国华电器有限公司）；全自动凯氏定氮仪（Kjeletc TR 2003，丹麦）；匀浆机（美国 Omnimixer，Omni International，INC）；UV-2450 紫外分光光度计（日本岛津公司）；绞肉机（山东嘉信食品机械有限公司）；消化炉（丹麦 FOSS 公司）。

三、方法

1. 肉丸的制备

使用打浆机进行肉糜加工，工艺流程如下：猪后腿肉和鸡大胸肉在 2℃左右的冷库中解冻 12 h，中心温度 2℃左右；首先将绞碎猪肉和鸡大胸肉按不同比例放入打浆机，加入食盐和三聚磷酸钠快速（约 200 r/min）搅打 10 min，加入绞好的猪背膘和其他辅料，搅打（200 r/min）5 min，中心温度低于 10℃。

基本的配方如下：猪肉和鸡大胸肉 1000 g，猪背膘 250 g，白砂糖 40 g，食盐 12.5 g，三聚磷酸钠 3 g，白胡椒粉 2 g。猪后腿肉和鸡大胸肉的比例如下：Control，100%猪后腿肉；T1，25%鸡大胸肉和 75%猪后腿肉；T2，50%鸡大胸肉和 50%猪后腿肉；T3，75%鸡大胸肉和 25%猪后腿肉；T4，100%鸡大胸肉。

2. 肉糜 pH 测定

见第二章。

3. 肉糜和贡丸色差的测定

见第三章。

4. 乳化稳定性

见第三章。

5. 盐溶性蛋白的提取和浓度测定

见第三章。

6. 质构测定

见第三章。

7. 热动态流变性测定

见第三章。

8. 感官评定

见第三章。

9. 统计方法

本章实验所有处理重复4次，每个重复至少有20个样品。应用软件SPSS v.18.0（SPSS Inc.，USA）进行统计分析，使用单因素方差（ANOVA）分析的方法对数据进行分析，当$P<0.05$时认为组间存在显著差异。

第二节　不同比例猪肉和鸡大胸肉对打浆低盐肉糜特性的影响

一、pH和盐溶性蛋白质溶解度

表5-1给出了不同处理组的pH和盐溶性蛋白质溶解度。在肉糜中pH

和盐溶性蛋白质溶解度存在显著（$P<0.05$）的差异。由于鸡大胸肉的 pH（5.95）高于猪后腿肉（5.78），所以添加鸡大胸肉肉糜的 pH 显著高于对照组，且随着鸡大胸肉比例的增加而增高。因为鸡大胸肉的蛋白质含量高于猪后腿肉，不同组分肉糜的盐溶性蛋白质溶解度也存在类似的状况。Cofrades 等（2008）报道了关于盐溶性蛋白溶解度类似的情况。肌球蛋白和肌动蛋白是肌肉盐溶性蛋白含量最高的两类蛋白，在肉制品的加工过程中起着重要作用，有助于在加热后形成三维网状凝胶结构，影响乳化肉制品的质构和出品率。以上结果表明，蛋白质含量、pH 和肌肉类型都能够影响盐溶性蛋白溶解度。

表 5-1　不同比例的猪后腿肉和鸡大胸肉肉糜的 pH、盐溶性蛋白质溶解度和乳化稳定性

样品名称	pH	SSP（%）	乳化稳定性		
			TR（%）	WR（%）	FR（%）
Control	6.20 ± 0.02^{e}	30.09 ± 0.28^{e}	1.67 ± 0.05^{c}	1.46 ± 0.04^{c}	0.20 ± 0.01^{c}
T1	6.25 ± 0.10^{d}	32.3 ± 0.19^{d}	2.03 ± 0.26^{b}	1.75 ± 0.22^{b}	0.28 ± 0.03^{b}
T2	6.28 ± 0.01^{c}	33.32 ± 0.08^{c}	1.80 ± 0.17^{b}	1.55 ± 0.15^{c}	0.25 ± 0.03^{b}
T3	6.32 ± 0.02^{b}	33.80 ± 0.10^{b}	2.30 ± 0.05^{a}	1.96 ± 0.04^{a}	0.34 ± 0.02^{a}
T4	6.37 ± 0.02^{a}	36.29 ± 0.07^{a}	1.53 ± 0.18^{c}	1.32 ± 0.16^{c}	0.21 ± 0.03^{c}

注：a～e 不同字母表示纵列存在显著差异（$P<0.05$）。

二、乳化稳定性

100%猪后腿肉和鸡大胸肉肉糜的乳化稳定性没有显著（$P>0.05$）的差异（表 5-1），两者有最高的乳化稳定性。T3 有最高的总汁液损失和脂肪损失，因此 T3 的乳化稳定性最低。这可能是由于猪后腿肉有较低的 pH 和蛋白质含量以及和鸡大胸肉不同的肌肉类型。然而，鸡大胸肉含量从

75%降低到 25%，能够提高肉糜的乳化稳定性。与单一肉糜相比，混合肉糜有较高的总汁液和脂肪损失。Westphalen 等（2006）报道了肌纤维类型对保水性的影响远远大于 pH。在结果中能够得到，总汁液损失也和脂肪损失呈显著正相关，这是因为在乳化肉糜中，增加脂肪损失能够促使水分损失的增加。

三、色差

表 5-2 给出了不同比例猪后腿肉和鸡大胸肉肉糜和贡丸的色差值。肉糜和贡丸的 L^*值、a^*值和 b^*值都有显著的差异（$P<0.05$）。T4 组的肉糜和贡丸都有最高的 L^*值，降低肉糜和贡丸中的鸡大胸肉的含量（从 100%降到 0%），L^*值都显著地（$P<0.05$）降低。a^*值和 b^*值受猪后腿肉和鸡大胸肉比例的影响显著。a^*值随着猪后腿肉含量的增加而增加，所以对照组有最高的 a^*值。然而，b^*值和 a^*值相反，b^*值随着猪后腿肉含量的增加而降低，表明添加鸡大胸肉有利于增加肉糜和贡丸的 L^*值和 b^*值。这种现象产生的原因是猪后腿肉肌红蛋白的含量远远高于鸡大胸肉，且色泽较深。有大量的报道说明往乳化肉制品中添加含有天然色素的物质，如水解土豆淀粉、鼠尾草提取物、木薯淀粉等，将影响产品的色泽。

表 5-2　不同比例猪后腿肉和鸡大胸肉肉糜和贡丸的色差（L^*，a^*，b^*）

样品名称	肉糜			贡丸		
	L^*值	a^*值	b^*值	L^*值	a^*值	b^*值
Control	66.68 ± 0.25^d	13.45 ± 0.14^a	9.50 ± 0.05^d	67.52 ± 0.43^d	4.64 ± 0.10^a	7.29 ± 0.16^d
T1	65.39 ± 0.32^e	12.10 ± 0.03^b	9.50 ± 0.07^d	66.61 ± 0.55^d	4.42 ± 0.12^b	7.53 ± 0.13^d
T2	68.45 ± 0.78^c	10.11 ± 0.17^c	10.07 ± 0.08^c	68.77 ± 0.44^c	3.65 ± 0.06^c	8.48 ± 0.04^c

续表

样品名称	肉糜			贡丸		
	L^*值	a^*值	b^*值	L^*值	a^*值	b^*值
T3	70.02±0.46^b	8.55±0.12^d	12.20±0.11^b	71.79±0.42^b	3.02±0.13^d	9.15±0.16^b
T4	73.52±0.12^a	5.67±0.13^e	12.36±0.05^a	74.60±0.43^a	1.72±0.11^e	11.12±0.11^a

注：a～e 不同字母表示纵列存在显著差异（P<0.05）。

四、质构分析

表 5-3 给出了不同比例猪后腿肉和鸡大胸肉贡丸的质构结果，表明猪后腿肉和鸡大胸肉的比例对贡丸的质构有显著的影响。T4 有最高的硬度值，含有鸡大胸肉贡丸的硬度、胶黏性和咀嚼性显著高于（P<0.05）对照组。除了 C2，贡丸的硬度、胶黏性和咀嚼性随着鸡大胸肉含量的增加而提高。T1 和 T2 有最高的弹性，但是 T3 弹性最低。这表明使用鸡大胸肉替代猪肉显著地影响贡丸的弹性（P<0.05）。T4 和对照组有最高的内聚性，表明不同类型的肌肉通过改变网络结构影响凝胶的组成。在本实验中，鸡大胸肉有较高的蛋白质含量和 pH。较高的蛋白质含量和 pH 意味着较高的盐溶性蛋白溶出量（表 5-1），有利于形成更好的凝胶基质。凝胶基质对乳化肉糜制品的质构有重要的影响。T2 和 T3 有相似的盐溶性蛋白溶出量和 pH，因此，它们有着相同的硬度值。而对照组有最低的盐溶性蛋白溶出量和 pH，因此有最低的硬度值。

表 5-3　不同比例猪后腿肉和鸡大胸肉贡丸的质构

样品名称	硬度（N）	弹性（mm）	内聚性	胶黏性	咀嚼性（N·mm）
Control	65.518±0.462^d	0.903±0.002^c	0.735±0.002^a	45.069±0.524^c	41.659±0.489^c
T1	70.901±0.651^c	0.919±0.002^a	0.728±0.003^b	46.387±0.992^b	43.312±1.058^b

续表

样品名称	硬度（N）	弹性（mm）	内聚性	胶黏性	咀嚼性（N·mm）
T2	73.144±1.068[b]	0.918±0.002[a]	0.717±0.004[c]	46.124±0.569[b]	41.976±1.093[c]
T3	73.857±0.673[b]	0.904±0.002[c]	0.709±0.002[d]	46.458±0.971[b]	43.457±0.741[b]
T4	75.407±0.840[a]	0.912±0.001[b]	0.732±0.004[a]	48.477±0.469[a]	45.936±0.516[a]

注：a～d 不同字母表示纵列存在显著差异（$P<0.05$）。

五、肉糜的热动态流变学

图 5-1 显示了不同比例猪后腿肉和鸡大胸肉肉糜在加热过程中(20～80℃）G'的变化。肉糜在加热过程中，G'表现出三个阶段。T4 含有 100%的鸡大胸肉（ⅡB 型肌肉），具有较高的 pH 和盐溶性蛋白溶解度，有高的蛋白质-脂肪结合能力，所以具有高的初始 G'，并且在 20～45℃呈缓慢下降。在第二阶段，T4G'在 45～50℃呈缓慢增加，而 T1、T2 和 T3G'在 45～52℃呈缓慢增加。

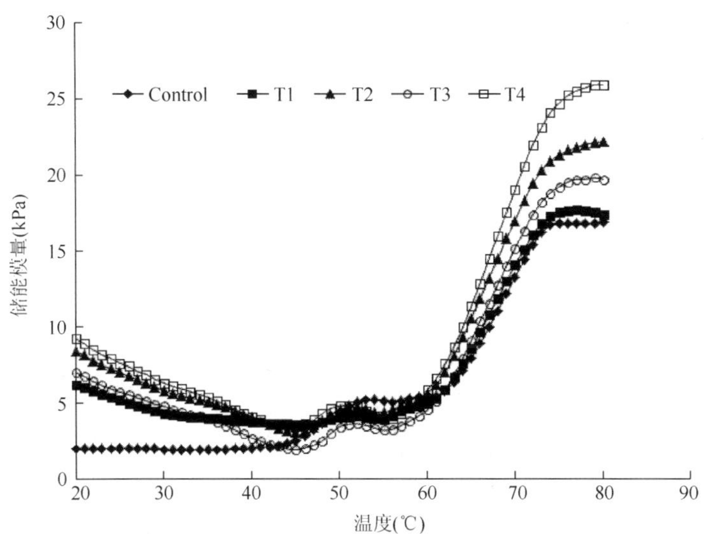

图 5-1　不同比例猪后腿肉和鸡大胸肉肉糜在不同温度下（T，℃）的储能模量（G'，kPa）

这个结果和 Xiong 和 Brekke（1990）报道的结果相同，因为蛋白质-蛋白质之间作用力的增强，G'在 45～50℃缓慢增加。所有的含有鸡大胸肉的肉糜到 55℃时，G'都有所下降，这是因为肌球蛋白的变性破坏了已经形成的凝胶网络结构。紧接着是第三阶段，G'快速增加，一直增加到 80℃，在此阶段，半溶胶受热转变为弹性胶体。这些特征曲线和 Montejano 等（1984）报道的典型的鸡大胸肉热动态流变曲线相吻合。

与其他组相比，对照组有最低的初始 G'，主要是因为对照组有最低的盐溶性蛋白且使用了不同种类的肌肉。Egelandsdal 等（1995）报道了相似的结果，与咬肌肌肉相比，腰大肌肌肉有较高的初始 G'。从 20℃到 51℃，G'缓慢地增加。接着是从 52℃到 59℃，G'增加地更加缓慢，主要因为蛋白质开始变性。从 60℃到 80℃，由于蛋白质的聚集和凝胶的形成，G'快速增加，这些表明肉糜从一个具有黏弹性的溶胶状态向弹性的凝胶网络结构转变。从图 5-1 可以看出，在加热到 60℃和 80℃附近，肌肉的类型和比例也与 G'密切相关。高的 G'值表明肉制品具有良好的、紧密的凝胶结构，而较低的 G'值表明肉制品的质构比较松散。这个结果和质构的结果（表 5-3）一致，T4 有最高的 G'值（25.9 kPa）和硬度，对照组有最低的 G'值（16.9 kPa）和硬度。肉糜的热动态流变性表明了肌肉中肌原纤维蛋白变性对凝胶结构的影响。

六、感官评定

先前文献报道消费者喜欢色泽较亮的贡丸。而本实验中，虽然色差计测量颜色显示出一定的差距，但品评人员对产品外观的评分没有显著（$P>$

0.05）差异（表 5-4）。从品评结果看，消费者对所有的贡丸的外观都能够接受。鸡大胸肉替代猪后腿肉的量超过 50%时，贡丸的硬度和多汁性分数显著降低。质构是贡丸的一个重要的特性，因此，鸡大胸肉替代猪后腿肉的量不应超过 50%。由于鸡大胸肉含有较低的脂肪，具有较高的保水性，能够降低产品的多汁性，所以 T3 和 T4 得到较低的感官评定分数。虽然 T4 有较高的硬度值，但在硬度方面也得到了最低的分数。这与 Hsu 和 Yu（2002）及 Hsu 和 Sun（2006）等的报道一致，贡丸硬度值较大时会降低贡丸的感官评定分数。贡丸的总体接受性和产品的质构、味道、香气密切相关，但和色泽相关性较弱。总体而言，T2 为含有 50%鸡大胸肉和 50%猪后腿肉的处理组，有最高的总体接受性分数，因此，肉糜生产中在保持产品品质的前提下可以使用鸡大胸肉部分替代猪后腿肉。

表 5-4　不同比例猪后腿肉和鸡大胸肉贡丸感官评定结果

样品名称	表观	硬度	弹性	多汁性	整体接受性
Control	6.76 ± 0.32^{a}	6.79 ± 0.29^{a}	6.32 ± 0.27^{c}	6.99 ± 0.22^{a}	6.93 ± 0.17^{a}
T1	6.67 ± 0.31^{a}	6.90 ± 0.22^{a}	6.93 ± 0.20^{a}	6.86 ± 0.20^{a}	6.91 ± 0.24^{a}
T2	6.76 ± 0.36^{a}	6.93 ± 0.23^{a}	7.03 ± 0.21^{a}	6.89 ± 0.22^{a}	7.00 ± 0.17^{a}
T3	6.50 ± 0.20^{a}	6.48 ± 0.20^{b}	6.78 ± 0.25^{b}	6.49 ± 0.25^{b}	6.25 ± 0.21^{b}
T4	6.73 ± 0.32^{a}	6.36 ± 0.23^{b}	6.76 ± 0.23^{b}	6.19 ± 0.21^{c}	6.04 ± 0.24^{c}

注：a～c 不同字母表示纵列存在显著差异（$P<0.05$）。

第三节　结 果 讨 论

本章研究了使用鸡大胸肉部分或全部替代猪后腿肉对肉糜和贡丸品质特性的影响。鸡大胸肉和猪后腿肉有不同的 pH，鸡大胸肉 pH 较高，增加肉糜中鸡大胸肉的含量可提高 pH。pH 增加，肌原纤维蛋白远离等电点，有利于溶解和溶胀，提高溶解度，因此，添加鸡大胸肉可增加肌原纤维蛋白的溶解度。在乳化肉制品中，肌肉蛋白的有效指标主要有两个方面，即蛋白质溶解度和乳化能力。蛋白质溶解度增加，参与乳化和形成凝胶的有效蛋白质增加，有助于提高凝胶的品质。本研究中，有效蛋白的数量和乳化稳定性不呈正相关。使用鸡大胸肉部分替代猪后腿肉增加了盐溶性蛋白的溶解度，但乳化稳定性随着鸡大胸肉添加量的变化而变化，主要原因是鸡大胸肉和猪后腿肉由不同的肌肉类型组成。不同来源的肌原纤维蛋白对肉糜的乳化稳定性有影响，如品种、肌肉部位及其他因素，有研究发现公牛肉的肌原纤维蛋白黏结能力最好。Asghar 等（1985）也报道了不同比例的肌球蛋白和肌动蛋白对肉糜稳定性和凝胶强度有显著的影响。Lan 等（1995）解释了不同类型的肌肉中，蛋白质含量和凝胶特性不一致。疏水作用力影响蛋白质结构的稳定性，拥有越大的表面疏水作用力，越容易降低蛋白稳定性和增加蛋白结构对 pH 及蛋白质浓度的敏感性。

添加鸡大胸肉会影响肉糜和贡丸的色泽，主要是因为肌红蛋白的含量不同，但这对感官评定中色泽的分值没有影响，即添加鸡胸肉对贡丸的感官色泽没有影响。硬度和弹性是贡丸品质中最重要的特性，消费者喜欢硬度适中、弹性好的产品。添加鸡胸肉有利于增加贡丸的硬度，对贡丸的弹性也有所增加（除了添加 75%鸡胸肉），这是因为肉制品的质构与肌原纤维蛋白凝胶特性密切相关。Lan 等（1995）报道了鸡大胸肉的肌原纤维蛋白的凝胶强度和保水性高于猪肉、鱼肉、牛肉和火鸡肉的肌原纤维蛋白凝胶。

Hsu 和 Sun（2006）报道了从肌肉中可提取更多的盐溶性蛋白，贡丸的结构会更加紧密。增加盐溶性蛋白溶出量，能够增加乳化香肠的硬度，形成良好的质构。Camou 和 Sebranek（1991）也报道了增加肌肉蛋白质含量能够增加盐溶性蛋白溶出量。提高蛋白质含量有助于形成致密的结构，也可提高肉制品的硬度、咀嚼性和胶黏性。100%鸡大胸肉的贡丸具有最高的硬度值，但有较低的感官评定分值，这和消费者对硬度的接受度有关。因此，过高的硬度将降低消费者的接受度。肉糜流变结果能够反映肌肉蛋白质在加热过程中的变化。不同类型的肌肉中，蛋白质组成成分不同，G'值的变化也不同。G'值和肌肉的种类、pH、食盐浓度和动物品种等因素相关。最终 G'值的大小能够反映凝胶的质构特性，G'值较大时凝胶具有较好的质构。与添加了 1%食盐的猪肉贡丸相比，添加鸡胸肉能够形成良好的质构，对贡丸的整体接受性影响不大。

主要参考文献

曹乐平，黄中培，邓洁红. 2004. 滚筒式斩拌滚揉一体机设计[J]. 食品机械，20（3）：37-40.

戴洪余. 2006. 功能肉制品的开发[J]. 杭州食品科技，83（4）：19-21.

阚建全. 2002.食品化学[M]. 北京：中国农业大学出版社.

孔保华，郑冬梅，刁新平. 2003.斩拌时间和 pH 值对牛肉凝胶特性的影响[J]. 食品与发酵工业，29（9）：13-16.

孔保华. 2007. 畜产品加工储藏新技术[M]. 北京：科学出版社.

钱毅玲，赵谋明. 2009. 卡拉胶/黄原胶和 K^+浓度对低脂低盐乳化肠凝胶品质影响的研究[J]. 现代食品科技，25（7）：734-737.

王飞. 2001. 斩拌工序与火腿肠质量关系探讨[J]. 肉类工业，（1）：13-15.

王璋，许时婴，汤坚. 1999. 食品化学[M]. 北京：中国轻工业出版社.

杨应笑，任发政. 2005. 氯化钾作为腊肉腌制剂中氯化钠替代物的研究[J]. 肉类研究，（9）：44-47.

周光宏. 2002. 畜产品加工学[M]. 北京：中国农业出版社.

Acton J C，Ziegler G R，Burge D L. 1983. Functionality of muscle constituents in the processing of comminuted meat products[J]. Critical Reviews in Food Science and Nutrition，18：99-121.

Ahmad S，Rizawi J A，Srivastava P K. 2010. Effect of soy protein isolate incorporation on quality characteristics and shelf-life of buffalo meat emulsion sausage[J]. Journal of

Food Science and Technology—Mysore，47（3）：290-294.

Ali F S，Perry A K，van Duyne F O. 1982. Soybeans vs. textured soy protein as meat extenders[J]. Journal of the American Dietetic Association，81（4）：439-444.

Alix A J P，Pedanou G，Berjot M. 1988. Fast determination of the quantitative secondary structure of proteins by using some parameters of the Raman amide I band[J]. Journal of Molecular Structure，174：159-164.

Alizadeh-Pasdar N，Nakai S，Li-Chan E C Y. 2002. Principal component similarity analysis of Raman spectra to study the effects of pH，heating，and carrageenan on whey protein structure[J]. Journal of Agricultural and Food Chemistry，50：6042-6052.

Allais I，Viaud C，Pierre A，et al. 2004. A rapid method based on front-face fluorescence spectroscopy for the monitoring of the texture of meat emulsions and frankfurters[J]. Meat Science，67：219-229.

Álvarez D，Castillo M，Payne F A，et al. 2007. Prediction of meat emulsion stability using reflection photometry[J]. Journal of Food Engineering，82：310-315.

Andres S C，Zaritzky N E，Califano A N. 2009.Innovations in the development of healthier chicken sausages formulated with different lipid sources[J]. Poultry Science，88：1755-1764.

Angus F，Phelps T，Clegg S，et al. 2005. Salt in processed foods：Collaborative Research Project[M]. London：Blackie Academic and Professional Leather Head Food International.

Asghar A，Samejima K，Yasui T. 1985. Functionality of muscle proteins in gelation mechanisms of structured meat products[J]. CRC Critical Review of Food Science and Nutrition，22：27-106.

Ayo J，Carballo J，Solas M T，et al. 2008.Physicochemical and sensory properties of healthier frankfurters as affected by walnut and fat content[J]. Food Chemistry，107：1547-1552.

Baker D，Vliet G. 2001. Designing solar hot water systems for scaling environments[J]. Journal of Solar Energy Engineering-transactions of the Asme，123：43-47.

Bañón S，Díaz P，Nieto G，et al. 2008. Modelling the yield and texture of comminuted pork products using color and temperature. Effect of fat/lean ratio and starch[J]. Meat Science，80：649-655.

Barbut S，Gordon A，Smith A. 1995. Effect of cooking temperature on the microstructure of meat batters prepared with salt and phosphate[J]. Food Structure，14：221-229.

Barbut S，Mittal G S.1992. Use of carrageenans and xanthan gum in reduced-fat breakfast sausages[J]. Lebensmittel-Wissenschaft und Technologie，5：9-13.

Barbut S. 1995. Importance of fat emulsification and protein matrix characteristics in meat batter stability[J]. Journal of Muscle Foods，6：161-177.

Barbut S. 1998. Use of a fiber optic probe to predict meat emulsion breakdown[J]. Italian Journal of Food Science，3（10）：253-259.

Berry B W. 1997. Sodium alginate plus modified tapioca starch improves properties of low-fat beef patties[J]. Journal of Food Science，62（6）：1245-1249.

Berry B，Wergin W. 1993.Modified pregelatinized potato starch in low-fat ground beef patties[J]. Journal of Muscle Foods，4：305-320.

Bishop D J，Olson D G，Knipe C L. 1933. Pre-emulsified corn oil，pork fat，or added moisture affect quality of reduced fat bologna quality[J]. Journal of Food Science，58：484-487.

Bishop D J，Olson D G，Knipe C L. 1993.Pre-emulsified corn oil，pork fat，or added moisture affect quality of reduced fat bologna quality[J]. Journal of Food Science，58：484-487.

Bloukas J G，Paneras E D，Fournitzis G C. 1997.Effect of replacing pork backfat with olive oil on processing and quality characteristics of fermented sausages[J]. Meat Science, 45: 133-144.

Borchert L L, Greaser M L, Bard J C, et al. 1967. Electron microscopy of a meat emulsion[J]. Journal of Food Science, 32: 419-421.

Bouraoui M, Nakai S, Li-Chan E C Y. 1997. In situ investigation of protein structure in Pacific whiting surimi and gels using Raman spectroscopy[J]. Food Research International, 30 (1): 65-72.

Bozkurt H. 2007.Comparison of the effects of sesame and Thymbra spicata oil during the manufacturing of Turkish dry-fermented sausage[J]. Food Control, 18: 149-156.

Brewer M S, Hatch T F. 2010. Nutritional value of meat in the diet: A white paper. Washington, D C: The American Meat Institute Foundation. http: //www.amif.org/ht/a/Get Document Action/i/59998.

Brewer M S, McKeith F, Britt K. 1992. Fat and soy or carrageenan extender effects on color, sensory and physical characteristics of ground beef patties[J]. Journal of Food Science, 57 (5): 1051-1052 (1055) .

Brewer M S, Novakofski J 1999. Cooking rate, pH andfinal endpoint temperature effects on instrumental and visual color and cook loss of lean ground beef[J]. Meat Science, 52: 443-451.

Brewer M S, Novakofski J E. 2008. Consumer quality evaluation of aging of beef[J]. Journal of Food Science, 73 (1): 78-82.

Brewer M S. 2011. Chemical and physical characteristics of meat: Water holding capacity[M]// Jensen W, Devine C, Dikemann M (Eds.). Encyclopedia of meat science (2nd ed). London: Academic Press, Elsevier Science, Ltd.

Brewer M S. 2012. Reducing the fat content in ground beef without sacrificing quality：A review[J]. Meat Science，91：385-395.

Bullock K B，Huffman D L，Egbert W G，et al. 1995. Nonmeat ingredients for low-fat ground beef patties[J]. Journal of Muscle Foods，6（1）：37-46.

Caceres E，Garcia M L，Selgas M D. 2008. Effect of pre-emulsified fish oil-as source of PUFA *n*-3-*ω* on microstructure and sensory properties of mortadella，a Spanish bologna-type sausage[J]. Meat Science，80：183-193.

Camou J P，Sebranek J G. 1991 . Gelation characteristics of muscle proteins from pale，soft，exudative（PSE）pork. Meat Science，30（3）：207-220.

Campbell J F.1979. Binding properties of meat blends，effects of salt type，blending time and post-blending storage[D]. Michigan：Michigan State University Ph. D. Thesis.

Candogan K，Kolsarici N. 2003. Storage stability of low-fat beef frankfurters formulated withcarrageenan or carrageenan with pectin[J]. Meat Science，64（2）：207-214.

Cardoso C，Mendes R，Vaz-Pires P，et al. 2010. Effect of salt and MTGase on the production of high quality gels from farmed sea bass[J]. Journal of Food Engineering，101：98-105.

Chavez J，Henrickson R L，Rao B R. 1986. Collagen as a hamburger extender[J]. Journal of Food Quality，8（4）：265-272.

Chevance F F V，Farmer L J，Desmond E M，et al. 2000. Effect of some fat replacers on the release of volatile aroma compoundsfrom low-fat meat products[J]. Journal of Agriculture and Food Chemistry，48（8）：3476-3484.

Chin K B，Go M Y，Xiong Y L. 2009. Konjacflour improved textural and water retention properties of transglutaminase-mediated，heat-induced porcine myofibrillar protein gel：Effect of salt level and transglutaminase incubation[J]. Meat Science，81（3）：565-572.

Claus J R，Hunt M C，Kastner C L. 1989. Effects of substituting added water for fat on the textural，sensory，and processing characteristics of bologna[J]. Journal of Muscle Foods，1：1-21.

Claus J R，Hunt M C. 1991. Low fat，high added-water bologna formulated with texture-modifying ingredients[J]. Journal of Food Science，56（643-647）：652.

Cofrades S，Serrano A，Ayo J，et al. 2008.Characteristics of meat batters with added native and preheated defatted walnut[J]. Food Chemistry，107：1506-1514.

Colmenero F J，Carrascosa A V，Barreto G，et al. 1996. Carballo. Chopping temperature effects on the characteristics and chilled storage of low-and high-fat pork bologna sausages[J]. Meat Science，44：1-9.

Crehan C M，Hughes E，Troy D J，et al. 2000. Effects of fat level and maltodextrin on the functional properties of frankfurters formulated with 5，12 and 30% fat[J]. Meat Science，55（4）：463-469.

Desmond E M，Troy D J，Buckley D J. 1988. Effects of tapioca starch，oat fibre and whey protein on the physical and sensory properties of low-fat beef burgers[J]. Lebensmittel-Wissenschaft und Technologie，31（7-8）：653-657.

Desmond E M，Troy D J，Buckley D J. 1998. Comparative studies of nonmeat adjuncts used in the manufacture of low-fat beef burgers[J]. Journal of Muscle Foods，9（3）：221-241.

Desmond E. 2006.Reducing salt：A challenge for the meat industry[J]. Meat Science，74：188-196.

Dickinson J A. 2001. Conference baggery[J]. Medical journal of Australlia，11-12：666.

Dolata W. 1977. The relationship of the blade angles of silent cutter knives[J]. Die Fleischwirtschaft，77（8）：700.

Egbert W R，Huffman C L，Chen C C，et al. 1991. Development of low fat ground beef[J]. Food Technology，45（6）：64-73.

Egelandsdal B，Martinsen B，Autio K. 1995.Rheological parameters as predictors of protein functionality：A model study using myofibrils of different fibre-type composition[J]. Meat Science，39：97-111.

Eilert S J，Blackmer D S，Mandigo R W，et al. 1933. Meat batters manufactured with modified beef connective tissue[J]. Journal of Food Science，58（4）：691-696.

Eilert S J，Mandigo R W，Sumner S S. 1996. Phosphate and modified beef connective tissue effects on reduced-fat，high water-added frankfurters[J]. Journal of Food Science，61（5）：1006-1011.

El-magoli S B，Larola S，Hansen P M T. 1995. Ultrastructure of low-fat ground beef patties with added whey protein concentrate[J]. Food Hydrocolloids，9（4）：291-306.

Fernándz-Martín F，López-lópez I，Cofrades S，et al. 2009. Influence of adding sea spaghetti seaweed and replacing the animal fat with olive oil or a konjac gel on pork meat batter gelation. Potential protein/alginate association[J]. Meat Science，83：209-217.

Ferry D J. 1948. Protein gels[J]. Advances in Protein Chemistry，4：1-78.

Galluzzo S J，Regenstein J M. 1978. Role of chicken breast muscle proteins in meat emulsion formation：myosin，action and synthetic actomyosin[J]. Journal of Food Science，43：1761-1765.

Garzon G A，McKeith F K，Gooding J P，et al. 2003. Characteristics of low-fat beef patties formulated with carbohydrate-lipid composites[J]. Journal of Food Science，68（6）：2050-2056.

Gordon A，Barbut S. 1990. The microstructure of raw meat batters prepared with monovalent and divalentchloride salts[J]. Food Structure，9：279-295.

Gordon A，Barbut S. 1991. Effect of chemical modification on the microstructure of raw meat batters[J]. Food Structure，10：241-246.

Gordon A，Barbut S. 1992. Mechanisms of meat batter stabilization：a review[J]. Critical Reviews in Food Science and Nutrition，32：1930-1935.

Gordon A，Shai B，Samejima K，et al. 1992. Effect of chemical modifications on the stability，texture and microstructure of cooked meat batters[J]. Food structure，11（2）：133-146.

Gou P，Guerrero L，Gelabert J，et al. 1996 . Potassium chloride，potassium lactate and glycine as sodium chloride substitutes in fermented sausages and in dry-cured pork loin[J]. Meat Science，（42）：37-48.

Graves L，Delmore R，Mandigo R，et al. 1994.Utilization of collagen fibers in low-fat ground beef patties[M]. National Agriculture Library. Beef Cattle Report.

Guth H，Grosch W. 1993. 12-Methyltridecanal，a species specific odorant of stewed beef[J]. Lebensmittel-Wissenschaft und Technologie，26：171-177.

Guth H，Grosch W. 1995. Dependence on the 12-methyltridecenal concentration in beef on the age of the animal[J]. Lebensmittel-Wissenschaft Unters Forschung，201：25-26.

Haga S，Ohashi T. 1984. Heat induced gelation of a mixture of myosin B and soybean protein[J]. Agriculture and Biological Chemistry，48：1001-1007.

Hamm R，Grabowska J. 1978. Proteinlöslichkeit und Wasserbindung unter den in Bru¨hwurstbra¨ten gegebenen Bedingungen[J]. Die Fleischwirtschaft，58：1345-1347.

Hamm R. 1973. The importance of the water binding capacity of meat when manufacturing frankfurter type sausages[J]. Die Fleischwirtschaft，1：73.

Hamm R. 1986.Functional properties of the myofibrillar system[M]. New York：Academic

Press.

Hansen L J. 1960. Emulsion formation in finely comminuted sausage[J]. Food Technology，14（11）：565.

Helmer R L，Saffle R L. 1963. Effect of chopping temperature on the stability of sausage emulsions[J]. Food Technology，17：115-119.

Hensley J L，Hand L W. 1995. Fromulation and chopping temperature effects on beef frankfurters[J]. Journal of Food Science，60：55.

Hermanssen A M，Harbitz O，Langton M. 1986. Formation of two types of gels from bovine myosin[J]. Journal of Science of Food and Agriculture，37：69-84.

Hermansson A M，Langton M. 1988. Filamentous structures ofbovine myosin in diluted suspensions and gels[J]. Journal of Science Food and Agriculture，42：355-369.

Hermansson A M. 1986. Water and fat holding[M] // Mitchell J R，Ledward D A. Functional Properties of Food Macromolecules. New York：Eelevier Applied Science Publishing Co.：273-314.

Herrero A M，Carmona P，Pintado T，et al. 2011.Olive oil-in-water emulsions stabilized with caseinate：Elucidation of protein–lipid interactions by infrared spectroscopy[J]. Food Hydrocolloids，25（1）：12-18.

Hoogenkamp H W. 1989.Low-calories sausages，spread and mousses[J]. Fleischerie，40（11）：Ⅳ-Ⅴ.

Howell N K，Arteaga G，Nakai S，et al. 1999.Raman spectral analysis in the C–H stretching region of proteins and amino acids for investigation of hydrophobic interactions[J]. Journal of Agricultural and Food Chemistry，47（3）：924-933.

Hsu S Y，Chung H Y. 2000. Comparison of three cooking methods on qualities of low-fat kung-wans formulated with gum-hydrate fat substitutes[J]. Journal of Food Engineering, 43：17-23.

Hsu S Y, Sun L Y. 2006.Comparisons on 10 non-meat protein fat substitutes for low-fat Kung-wans[J]. Journal of Food Engineering, 74：47-53.

Hsu S Y, Yu S H. 1999. Comparisons of 13 edible gum-hydrate fat substitutes for low fat kung-wan（an emulsified meatball）[J]. Journal of Food Engineering, 39：123-130.

Hsu S Y, Yu S H. 2002.Comparisons on 11 plant oil fat substitutes for low-fat Kung-wans[J]. Journal of Food Engineering, 51：215-220.

Huang J C, Zayas J F, Bowers J A. 1999. Functional properties of sorghum flour as an extender in ground beef patties[J]. Journal of Food Quality, 22（1）：51-61.

Huang S C, Shiau C Y, Liu T E, et al. 2005.Effects of rice bran on sensory and physico-chemical properties of emulsified pork meatballs[J]. Meat Science, 70: 613-619.

Iwasaki T, Noshiroya K, Saitoh N, et al. 2006. Studies of the effect of hydrostatic pressure pretreatment on thermal gelation of chicken myofibrils and pork meat patty[J]. Food Chemistry, 95：474-483.

Javidipour I, Vural H, Ozbasβ O O, et al. 2005. effects of interesterified vegetable oils and sugar beet fibre on the quality of Turkish-type salami[J]. International Journal of Food Science and Technology, 40：177-185.

Jimenez-Colmenero F, Herrero A, Pintado T, et al. 2010. Influence of emulsified olive oil stabilizing system used for pork backfat replacement in frankfurters[J]. Food Research International, 43：2068-2076.

Josquin N M, Linssen J P H, Houben J H. 2012.Quality characteristics of Dutch-style fermented sausages manufactured with partial replacement of pork back-fat with pure, pre-emulsified or encapsulated fish oil[J]. Meat Science，90：81-86.

Kang G H，Park G B，Joo S T，et al. 2010. Effects of muscle fiber types on gel property of surimi-like materials from chicken，pork and beef[J]. Journal of Muscle Foods，21：570-584.

Karumendu L U，Ven R，Kerr M J，et al. 2009.Particle size analysis of lamb meat：Effect of homogenization speed，comparison with myofibrillar fragmentation index and its relationship with shear force[J]. Meat Science，82：425-431.

Kassama L S，Ngadi M O，Raghavan G S V. 2003. Structural and instrumental textural properties of meat patties containing soy protein[J]. International Journal of Food Properties，6（3）：519-529.

Kassem M A G，Emara M M T. 2010. Quality and acceptability of value-added beef burger[J]. World Journal of Dairy Food Science，5（1）：14-20.

Kenney P B，Kastner C L，Kropf D H. 1992. Raw and preheated epimysium and gelatin properties of low-salt，low-fat，restructured beef[J]. Journal of Food Science，67（3）：551-554.

Khalil A H 2000. Quality characteristics of low-fat beef patties formulated with modified corn starch and water[J]. Food Chemistry，68（1）：61-68.

Kilic B，Kankaya T，Ekici Y K，et al. 2010. Effect of textured soy protein on quality characteristics of low fat cooked kofte（Turkish meatball）[J]. Journal of Animal and Veterinary Advances，9（2）：3048-3054.

Konsoula Z，Liakopoulou-Kyriakides M. 2010. Effect of endogenous antioxidants of sesame seeds and sesame oil to the thermal stability of edible vegetable oils[J]. LWT-Food Science and Technology，43：1379-1386.

Konsoula Z，Liakopoulou-Kyriakides M. 2010. Effect of endogenous antioxidants of sesame seeds and sesame oil to the thermal stability of edible vegetable oils[J]. LWT-Food Science and Technology，43：1379-1386.

Kotula A W，Berry B W. 1986. Addition of soy proteins to meat products[M]// Plant proteins：Applications，biological effects，and chemistry. American Chemical Society symposium series，312：74-89.

Lan Y H，Novakofski J，McCusker R H，et al. 1995.Thermal gelation of pork，beef，fish，chicken and turkey muscles as affected by heating rate and pH[J]. Journal of Food Science，60：936-939.

Larsson K，Rand R P. 1973.Detection of changes in the environment of hydrocarbon chains by Raman spectroscopy and its application to lipid–protein systems[J]. Biochimica et Biophysica Acta（BBA）-Lipids and Lipid Metabolism，326（2）：245-255.

Lee C M，Hampson J W，Abdollahi A. 1981. Effect of plastic fats on thermal stability and mechanical properties of fat-protein gel products[J]. Journal of the American Oil Chemists Society，48：983-987.

Lee C M. 1985. Microstructure of meat emulsions in relation to fat stabilization[J]. Food Microstructure，4：63-72.

Lee H C，Chin K B. 2010. Application of microbial transglutaminase and functional ingredients for the healthier low-fat/salt meat products：A review[J]. Korean Journal for Food Science of Animal Resources，30（6）：886-895.

Lin K W，Keeton J T. 1998. Textural and physicochemical properties of low-fat，precooked ground beef patties containing carrageenan and sodium alginate[J]. Journal of Food Science，63（4）：571-574.

Lin K W，Lin H Y. 2004. Quality characteristics of Chinese-style meatball containing bacterial cellulose（nata）[J]. Journal of food science，69：107-111.

Lin K W. 1994. Investigation of fat replacement systems for low-fat，precooked，coarse ground beef products[J]. Dissertation Abstracts International B，54（8）：3920-3921.

Liu H，Xiong Y L，Jiang L，et al. 2008. Fat reduction in emulsion sausage using an enzyme-modified potato starch[J]. Journal of the Science of Food and Agriculture，88（9）：1632-1637.

Liu M N，Berry B W. 1998. Patty formation method，thickness and weight effects on properties of cooked low-fat beef patties[J]. Journal of Muscle Foods，9（3）：243-256.

Liu R，Zhao S M，Xie B J，et al. 2011.Contribution of protein conformation and intermolecular bonds to fish and pork gelation properties[J]. Food Hydrocolloids，25：898-906.

Liu Z L，Xiong Y L，Chen J. 2010. Protein oxidation enhances hydration but suppresses water-holding capacity in porcine longissimus muscle[J]. Journal of Agricultural and Food Chemistry，58（19）：10697-10704.

Lopez-Lopez I，Cofradesa S，Yakanb A，et al. 2010.Frozen storage characteristics of low-salt and low-fat beef patties as affected by Wakame addition and replacing pork backfat with olive oil-in-water emulsion[J]. Food Research International，43：1244-1254.

Luruena-Martinez M A，Vivar-Quintana A M，Revilla I. 2004.Effect of locust bean/xanthan gum addition and replacement of pork fat with olive oil on the quality characteristics of low-fat frankfurters[J]. Meat Science，68：383-389.

Lutz G D. 2005. Personal communication：Alberger salt improves protein functionality in meat blends[R]. Dublin：Technical Bulletin.

Ma F，Chen C G，Sun G J，et al. 2012. Effects of high pressure and $CaCl_2$ on properties of salt-soluble meat protein gels containing locust bean gum[J]. Innovative Food Science and Emerging Technologies，14：31-37.

Mallika E N，Prabhakar K，Reddy P M. 2009. Low fat meat products—An overview[J]. Veterinary World，2（9）：364-366.

Matsuishi M，Igeta M，Takeda S，et al. 2006. Sensory factors contributing to the identification of the animal species of meat[J]. Journal of Food Science，69（6）：218-221.

Matulis R J，McKeith F K，Sutherland J W，et al.1995. Sensory characteristics of frankfurters as affected by fat，salt and pH[J]. Journal of Food Science，60（1）：42-47.

McMindes M K. 1991. Applications of isolated soy protein in low-fat meat products[J]. Food Technology，45（12）：61-64.

Meilgaard M，Civille G V，Carr B T. 1991. Affective tests：Consumer tests and in-house panel acceptance tests[M]. Boca Raton，FL：CRC Press，Inc.

Mittal G，Barbut S. 1994. Effects of carrageenans and xanthan gum on the texture and acceptability of low fat frankfurters[J]. Journal of Food Processing and Preservation，18：201-216.

Mohdaly A A A，Smetanska I，Ramadan，et al. 2011.Antioxidant potential of sesame（Sesamum indicum）cake extract in stabilization of sunflower and soybean oils[J]. Industrial Crops and Products，34：952-959.

Monahan F J，Troy D J. 1997. Overcoming sensory problems in low fat and low salt products[M]//Pearson A M，Dutson T R（Eds.）. Advances in Meat Research. Production and Processing of Healthy Meat，Poultry and Fish Products London：Blackie Academic & Professional.

Montejano J G，Hamann D D，Lanier T C. 1984.Thermally induced gelation of selected comminuted muscle systems rheological changes during processing，final strengths and microstructure[J]. Journal of Food Science，49（6）：1496-1505.

Morita J I，Yasui T. 1991. Involvement of hydrophobic residues in heat-induced gelation of myosin tail subfragment from rabbit skeletal muscle[J]. Agricultural Biological Chemistry，55：597-599.

Mottram D S. 1998. The chemistry of meatflavour[M]// Shahidi F（Ed.）. Flavor of meat，meat products，and seafoods. London：Blackie Academic and Professional.

Muguerza E，Gimeno O，Ansoren D，et al. 2001. effect of replacing pork backfat with pre-emulsified olive oil on lipid fraction and sensory quality of Chorizo depamplona——a traditional Spanish fermented sausage[J]. Meat Science，59：251-258.

Nakamura Y N，Iwamoto H，Shiba N，et al. 2004. Developmental stages of the collagen content，distribution and architecture in the pectoralis，iliotibialis lateralis and puboischio femoralis muscles of male Red Cornish×New Hampshire and normal broilers[J]. British Poultry Science，45：31-40.

Nisar P U M，Chatli M K，Sharma D K. 2009. Efficacy of tapioca starch as a fat replacer in low-fat buffalo meat patties[J]. Buffalo Bulletin，28（1）：18-22.

Offer G，Knight P. 1998. The structural basis of water-holding in meat[M]// Lawrie R A（Ed.），Developments in meat science（4th edition）. London：Elsevier Applied Science.

Olson D G，Parrish F C Jr，Stromer M H. 1976. Myofibril fragmentation and shear resistance of three bovine muscles during postmortem storage[J]. Journal of Food Science，41：1036-1041.

Omana D A，Plastow G，Betti M. 2011. Effect of different ingredients on color and oxidative characteristics of high pressure processed chicken breast meat with special emphasis on use of β-glucan as a partial salt replacer[J]. Innovative Food Science and Emerging Technologies，12：244-254.

Paneras E D，Bloukas J G，Filis D G. 1998. Production of low-fat frankfurters with vegetable oils following the dietary guidelines for fatty acids[J]. Journal of Muscle Foods，9：111-126.

Paneras E D，Bloukas J G. 1994. Vegetable oils replace pork backfat for low-fat frankfurters[J]. Journal of Food Science，59（4）：725-733.

Pappa I C，Bloukas J G，Arvanitoyannis I S. 2000.Optimization of salt，olive oil and pectin level for low-fat frankfurters produced by replacing pork backfat with olive oil[J]. Meat Science，56：81-88.

Park J，Rhee K S，Keeton J T，1989. Properties of low-fat frankfurters containing monounsaturated and omega-3 polyunsaturated oils[J]. Journal of Food Science，54：500-504.

Pasin G，O'Mahony G，York B，et al. 1989. Replacement of sodium chloride by modified potassium chloride（co-crystallised disodium-50-inosinate and disodium-50-guan-ylate with potassium chloride）in fresh pork sausages[J]. Journal of Food Science，54（3）：553-555.

Perisic N，Afseth N K，Ofstad R，et al. 2013.Characterising protein，salt and water interactions with combined vibrational spectroscopic techniques[J]. Food Chemistry，138：679-686.

Pietrasik Z，Li-Chan E C Y. 2002.Response surface methodology study on the effects of salt，microbial transglutaminase and heating temperature on pork batter gel properties[J]. Food Research International，35：387-396.

Pietrasik Z. 1999. Effect of content of protein，fat and modified starch on binding textural characteristics，and colour of comminuted scalded sausages[J]. Meat Science，51：17-25.

Pinero M P，Parra K，Huerta-Leidenz N，et al. 2008.Effect of oat's soluble fibre（beta-glucan）as a fat replacer on physical，chemical，microbiological and sensory properties of low-fat beef patties[J]. Meat Science，80（3）：675-680.

Rao B R，Henrickson R L.1986.Effect of hide collagen on the amino acid composition of beef patties and pork sausage[J]. Journal of Food Quality，8（4）：247-252.

Robbins K，Jensen J，Ryan K J，et al. 2003. Consumer attitudes towards beef and acceptability of enhanced beef[J]. Meat Science，65（2）：721-729.

Rocha-Garza A E，Zayas J F. 1995. Effect of wheat germ proteinflour on the quality characteristics of beef patties cooked on a griddle[J]. Journal of Food Processing and Preservervation，19（5）：341-360.

Roth D M，McKeith F K，Brewer M S. 1999. Processing parameter effects on sensory and instrumental characteristics of reduced-fat ground beef patties[J]. Journal of Muscle Foods，10（2）：163-176.

Rowe D. 2002. High impact aroma chemicals part 2：The good，the bad，and the ugly[J]. Perfumer and Flavorist，27：24-29.

Ruusunen M，Tirkkonen M S，Puolanne E. 2001.Saltiness of coarsely ground cooked ham with reduced salt content[J]. Agricultural and Food Science in Finland，10：27-32.

Ruusunen M，Vainionpaa J，Lyly M，et al. 2005 . Reducing the sodium content in meat products：the effect of the formulation in low-sodium ground meat patties[J]. Meat Science，69：53-60.

Sacks F，Svetkey L P，Vollmer W M. 2001. Effects on blood pressure of reduced dietary sodium and the dietary approaches to stop hypertension（DASH）diet[J]. The New England Journal of Medicine，344：3-10.

Sacks F，Svetkey L P，Vollmer W M. 2001. Effects on blood pressure of reduced dietary sodium and the dietary approaches to stop hypertension（DASH）diet[J]. The New England Journal of Medicine，344（3-10）：425.

Salwa B，Laroia S，Hansen P M T. 1996. Flavor and texture characteristics of low fat ground beef patties formulated with whey protein concentrate[J]. Meat Science，42(2)：179-193.

Samejima K，Hashimoto Y，Yasui T，et al. 1969. Heating gelling properties of myosin，actin，actonmosin and myosin-subunits in a saline model system[J]. Journal of Food Science，34：242-245.

Samejima K，Oka Y，Yamamoto K，et al. 1986. Effects of temperature，actin-myosin ratio，pH，salt and protein concentrations on heat-induced gelling of cardiac myosin and reconstituted actomyosin[J]. Agricultural and Biological Chemistry，50（8）：2101-2110.

Sampaio G R，Castellucci C M N，Pinto e Silva M E M，et al. 2004. Effect of fat replacers on the nutritive value and acceptability of beef frankfurters[J]. Journal of Food Composition and Analysis，17（3-4）：469-474.

Schmidt G R. 1984.Processing effects on meat product microstructure[J]. Food Microstructure，3：33-39.

Schultz G W，Russell D R，Wierbicki E. 1972. Effect of condensed phosphates on pH，swelling and water-holding capacity on beef[J]. Journal of Food Science，37：860-866.

Serdaroglu M，Yildiz-Turp G，Abrodimov K. 2005. Quality of low-fat meatballs containing legumeflours as extenders[J]. Meat Science，70（1）：99-105.

Serdaroğlu M.2006. Improving low fat meatball characteristics by adding whey powder[J].

Meat Science，72（1）：155-163.

Shand P. 1997. Mimetic and synthetic fat replacers for the meat industry[M]// Production and processing of healthy meat，poultry andfish products. Advances in meat research，11：191-209.

Shao J H，Zou Y F，Xu X L，et al. 2011.Evaluation of structural changes in raw and heated meat batters prepared with different lipids using Raman spectroscopy[J]. Food Research International，44：2955-2961.

Sharp A，Offer G. 1992. The mechanism of formation of gels from myosin molecules[J]. Journal of Science of Food and Agriculture，58（1）：63-73.

Shewry P R，Tatham A S. 2000. Wheat gluten. Special publication[J]. Royal Society of Chemistry，261：500-548.

Shih F F，Daigle K W. 2003. Antioxidant properties of milled-rice co-products and their effects on lipid oxidation in ground beef[J]. Journal of Food Science，68（9）：2672-267.

Shults G W，Wierbicki E. 1972. Effect of condense phosphates on pH，swelling and water-holding capacity of beef[J]. Journal of Food Science，37：860-864.

Sikes A L，Tobin A B，Tume R K. 2009.Use of high pressure to reduce cook loss and improve texture of low-salt beef sausage batters[J]. Innovative Food Science and Emerging Technologies，10：405-412.

Somboonpanyakula P，Barbut S，Jantawata P，et al. 2007. Textural and sensory quality of poultry meat batter containing malva nut gum，salt and phosphate[J]. LWT—Food Science and Technology，40：498-505.

Sowmya M，Jeyarani T，Jyotsna R，et al. 2009.Effect of replacement of fat with sesame oil and additives on rheological，microstructural，quality characteristics and fatty acid profile of cakes[J]. Food Hydrocolloids，23：1827-1836.

Stanley D W，Stone A P，Hultin Q. 1994. Solubility of beef and chicken myofibrillar proteins in low ionic strength media[J]. Journal of Science of Food and Agriculture，42：863.

Stefansson G，Hultin H O. 1994. On the solubility of cod muscle proteins in water[J]. Journal of Science and Food Agriculture，42：2656-2664.

Su Y K，Bowers J A，Zayas J F. 2000.Physical characteristics and microstructure of reduced-fat frankfurters as affected by salt and emulsified fats stabilized with nonmeat proteins[J]. Journal of Food Science，65：123-128.

Taki G H. 1991. Functional ingredient blend produces low-fat meat products to meat consumer expectations[J]. Food Technology，45（11）：70-72（74）.

Theno D M，Schmidt G R. 1978. Microstructural comparison of three commercial frankfurters[J]. Journal of Food Science，43：845-848.

Tobin B D，O'Sullivan M G，Hamill R M，et al. 2012. Effect of varying salt and fat levels on the sensory and physiochemical quality of frankfurters[J]. Meat Science，92：659-666.

Tobin B D，O'Sullivan M G，Hamill R M，et al. 2013. The impact of salt and fat level variation on the physiochemical properties and sensory quality of pork breakfast sausages[J]. Meat Science，93：145-152.

Tomasik P. 2004. Chemical and functional properties of food saccharides[M]// Chemical and functional properties of food components，5：93-150. Boca Ratone，FL：CRC Press.

Totosaus A，Perez-Chabela M L. 2009.Textural properties and microstructure of low-fat and sodium-reduced meat batters formulated with gellan gum and dicationic salts[J]. LWT—Food Science and Technology，42：563-569.

Trius A，Sebranek J G，Lanier T. 1996. Carrageenans and their use in meat products[J]. Critical Reviews in Food Science and Nutrition，36（1-2）：69-85.

Velioglu H M，Velioglu S D，Boyaci I H，et al. 2010. Investigating the effects of ingredient levels on physical quality properties of cooked hamburger patties using response surface methodology and image processing technology[J]. Meat Science，84（3）：477-483.

Verma A K，Sharma B D，Banerjee R. 2010.Effect of sodium chloride replacement and apple pulp inclusion on the physico-chemical，textural and sensory properties of low fat chicken nuggets[J]. LWT—Food Science and Technology，43：715-719.

Wang P，Xu X L，Zhou G H. 2009. Effects of meat and phosphate level on water-holding capacity and texture of emulsion-type sausage during storage[J]. Agricultural Sciences in China，8（12）：101-105.

Warner K，Eskins K，Fanta G F，et al. 2001. Use of starch-lipid composites in low fat ground beef products[J]. Food Technology，55（2）：36-41.

Warner K，Inglett G E. 1997. Flavor and texture characteristics of foods containing Z-trim corn and oatfibers as fat andflour replacers[J]. Cereal Foods World，42（10）：821-825.

Westphalen A D，Briggs J L，Lonergan S M. 2006.Influence of muscle type on rheological properties of porcine myofibrillar protein during heat induced gelation[J]. Meat Science，72（4）：697-703.

Whiting R C. 1988.Ingredients and processing factors that control muscle protein functionality[J]. Food Technology，42：104-114，220.

Wu M，Xiong Y L，Chen J，et al. 2009. Rheological and micro-structural properties of porcine myofibrillar protein-lipid emulsion composite gels[J]. Journal of Food Science，74：207-217.

Xiong Y L，Blanchard S P，Means W J. 1992. Properties of broiler myofbril gels containing emulsified lipids[J]. Poultry Science，71：1548-1555.

Xiong Y L，Lou X Q，Harmon R J，et al. 2000.Salt- and pyrophosphate-induced structural changes in myofibrils from chicken red and white muscles[J]. Journal of the Science of Food and Agriculture，80：1176-1182.

Xu X L，Han M Y，Fei Y，et al. 2011.Raman spectroscopic study of heat-induced gelation of pork myofibrillar proteins and its relationship with textural characteristic[J]. Meat Science，87：159-164.

Yasui T，Ishioroshi M，Samejima K. 1980. Heat-induced gelation of myosin in the presence of actinv[J]. Journal of Food Biochemistry，4：61-78.

Youssef M K，Barbut S. 2010. Physicochemical effects of the lipid phase and protein level on meat emulsion stability，texture，and microstructure[J]. Journal of Food Science，75：108-114.

Youssef M K，Barbut S. 2011. Fat reduction in comminuted meat products effects of beef fat，regular and pre-emulsied canola oil[J]. Meat Science，87：356-360.

致　谢

本书是在恩师徐幸莲教授的悉心指导下完成的。恩师严谨的治学态度、优良的工作作风、渊博的知识、高尚的人品师德将使我终身受益。恩师“做事先做人”的教诲对我影响颇深，在博士学习和生活期间，我在做事、做人和做学问方面取得了长足进步。在此，我谨将最崇高的敬意和最真挚的感谢献给恩师！

特别感谢周光宏教授为我提供良好的学习和实验环境，给了我很多学习和锻炼的机会，在此向周老师表示衷心的感谢。

感谢马汉军教授、高海燕副教授、Ron Tume 教授、邹玉峰博士、王鹏副教授、韩敏义副教授、吴菊清副教授在试验设计和文章撰写及修改过程中提出的宝贵意见。感谢王虎虎、祝超智、彭斌、宋尚新、张迎阳、孙皓、李可、李玉品、陈林、张秋勤、王华伟、李伟锋、封莉、高雪琴、李影球、唐长波、朱莹莹、郑海波、赵颖颖等同学在试验过程中的帮助和支持。

康壮丽

2014 年 4 月于南京